北方果树食心虫百问

高灵旺　杜凤沛　主编

中国农业大学出版社
·北京·

内 容 简 介

本书结合北方果树食心虫防治技术推广工作的实践经验，针对推广培训工作中农户经常遇到的问题，以北方果树食心虫的综合治理为导向，系统地介绍了食心虫防治的相关技术与注意事项，以方便农户在防治食心虫过程中查阅。全书分为 6 部分，分别为果树食心虫种类识别篇、发生规律与危害特点篇、综合治理基础篇、物理防治与农业防治篇、生物防治篇和化学防治篇。

本书可作为北方果树食心虫防治技术的培训用书，也可作为农业科技工作者及基层农业技术推广人员的参考书。

图书在版编目(CIP)数据

北方果树食心虫百问/高灵旺，杜凤沛主编. —北京：中国农业大学出版社，2013.12

ISBN 978-7-5655-0870-7

Ⅰ.①北…　Ⅱ.①高…②杜…　Ⅲ.①果树-病虫害防治-问题解答　Ⅳ.①S436.6-44

中国版本图书馆 CIP 数据核字(2013)第 292217 号

书　名　北方果树食心虫百问

作　者　高灵旺　杜凤沛　主编

策划编辑	孙　勇	**责任编辑**	孙　勇
封面设计	郑　川	**责任校对**	王晓凤　陈　莹
出版发行	中国农业大学出版社		
社　　址	北京市海淀区圆明园西路 2 号	**邮政编码**	100193
电　　话	发行部 010-62818525，8625	读者服务部	010-62732336
	编辑部 010-62732617，2618	出　版　部	010-62733440
网　　址	http://www.cau.edu.cn/caup	**E-mail**	cbsszs @ cau.edu.cn
经　　销	新华书店		
印　　刷	北京鑫丰华彩印有限公司		
版　　次	2014 年 4 月第 1 版　　2014 年 4 月第 1 次印刷		
规　　格	880×1230　　32 开本　　3.5 印张　　88 千字		
定　　价	20.00 元		

图书如有质量问题本社发行部负责调换

主　　编　高灵旺　杜凤沛

副 主 编　李定旭 王庆雷　毕拥国

编写人员　（按姓氏笔划排序）

于春欣（中国农业大学）

王庆雷（河北省沧州市农林科学院）

冯晓洁（河北省沧州市农林科学院）

王志刚（河北农业大学）

刘春琴（河北省沧州市农业科学院）

毕拥国（河北农业大学）

李定旭（河南科技大学）

杜凤沛（中国农业大学）

汪　辰（河北农业大学）

席国成（河北省沧州市农林科学院）

高灵旺（中国农业大学）

阎爱华（河北农业大学）

审　　稿　王洪平　沈佐锐

序

北方果树食心虫种类包括梨小食心虫、桃小食心虫等多达十几种重要害虫，分布范围遍及我国北方主要果品产区，主要危害是蛀食桃、梨、苹果、李、杏、梅、樱桃、海棠、山楂等，严重影响果实的品质和产量，对果树生产造成极大的威胁。农业部从2008年启动了国家公益性行业（农业）科研专项“北方果树食心虫监测和防控新技术研究与示范”项目，并于2011年再次启动“北方果树食心虫综合防控技术研究与示范推广”项目，其目的一方面是在食心虫研究与防治的薄弱环节加强研究；另一方面则是就现有的实用型技术进行组装配套并进行技术推广。如何进行技术的组装配套、组装哪些技术、以什么样的方式将技术提供给果农等问题一直是整个食心虫项目组在思考的问题，项目各承担单位都进行了一些不同程度的尝试，逐步摸索出了一些经验。

中国农业大学项目组结合北方果树食心虫防治技术推广工作的实践经验，针对推广培训工作中农户经常遇到的问题进行归纳总结，查阅了大量相关文献，同时就整个项目组研究工作中形成的部分实用技术进行总结归纳，编辑形成这本手册，以方便农户在防治食心虫过程中查阅。这其实就是一种技术的组装配套形式，也是上述尝试总结的结果。全书以北方果树食心虫的综合治理为导向，从内容及顺序编排上也经过精心策划，主要内容分为6部分，分别为种类识别篇、发生规律与危害特点篇、综合治理基础篇、物理防治与农业防治篇、生物防治篇和化学防治篇，以问答形式系统地介绍了防治的相关技术与注意事项，每个问题突出一个主题，相对短小而易被用户接受，可作为北方果树食心虫防治技术的培训材料，同时也可作为农业科技工作者及基层农业技术推广人员的重要参考书籍。

目前，项目组专家正在合作编著一本题为《北方果树食心虫发生规律与控制》的书，与本手册相比，前者属于专著，而后者则属于实用技术。因而前者更注重于北方果树食心虫研究深度与理论性方面的内容，读者范围定位为科研人员与大专院校的学生等；而后者则更注重于果园食心虫防治技术的实用性，读者主要是果农与基层农业技术推广人员。

技术在不断进步，随着项目组及其他研究人员工作的开展，一些更为便捷、实用的技术也会涌现出来，希望能在未来的修订工作中不断补充新的实用技术。

范仁俊

国家公益性行业（农业）科研专项项目首席专家

山西省农业科学院植物保护研究所

2013年7月　太原

前　言

自2008年参加国家公益性行业(农业)科研专项“北方果树食心虫监测和防控新技术研究与示范”以来,已近6年,期间第一期项目结束,2011年又开始新的一期“北方果树食心虫综合防控技术研究与示范推广”项目。两期项目的共同点就是需建立试验示范基地,推广实用技术,这是整个项目的重要任务之一。在项目执行期间项目组曾多次组织果树食心虫培训班,也曾在田间地头和果农进行交流,发现果农在生产过程中会遇到各种各样与食心虫防治相关的问题,但找不到一本系统而实用的食心虫防治技术方面的参考书。基于此,在项目组人员的提议下,酝酿出版一本实用书,以期能为广大果农防治食心虫提供一个基本的参考资料,同时也可作为培训资料。项目组人员花费了大量的时间,收集了推广培训工作中农户经常遇到的问题并进行归纳总结,查阅相关文献,形成本书的主要内容。这本书不是一本专著,而仅仅是相关专家在果树食心虫研究及防治方面相关内容的一个系统化总结。

本书编写的目的是让果农全面、系统地了解果树食心虫综合防治技术,而不仅仅注重于化学防治,因此,从内容及顺序编排上也经过几轮精心策划,最终形成了目前的格局。全书以北方果树食心虫的综合治理为导向,系统地介绍了防治的相关技术与注意事项，分为6部分，分别为种类识别篇、发生规律与危害特点篇、综合治理基础篇、物理防治与农业防治篇、生物防治篇和化学防治篇。其中前两篇是基础篇，目的是让果农更全面地了解果树食心虫的基本知识与发生危害规律，从而更好地把握食心虫防治的关键时期；后四篇则分别介绍了综合防治的各种相关技术与注意事项，其中一些内容，如利用性诱剂进行食心虫的防治和减量化农药使用技术则是近年来食心虫项目组所着力推荐的，这些内容的引用也是为了进一步推动减少化学农药的使用量，改善生态环境，生产健康安全农产品；另外，在化学防治篇中还特别强调了化学农药的安全使用技术。

本书的出版首先要感谢项目组成员的辛勤劳动，是他们的用心与细心使得该书得以顺利完成。“北方果树食心虫综合防控技术研究与示范推广”首席专家范仁俊拨冗为本书写序，其他项目专家也给予了大力支持，特别是沈阳农业大学的王洪平教授和项目顾问专家中国农业大学沈佐锐教授对本书初稿进行了细致的审阅，提出了很多宝贵的意见和建议，在此一并致谢。在此也要感谢多年从事果树食心虫研究的相关人员，为本书提供了丰富的内容。

受参加编写人员的知识和经验所限，本书定有许多不足之处，欢迎提出宝贵意见和建议。

笔者于2013年秋

目　录

一、种类识别篇

1. 果树食心虫的主要种类有哪些?

食心虫泛指以幼虫钻蛀、危害果实的一类害虫。我国北方各地果园中常见食心虫的主要种类有梨小食心虫、梨大食心虫、桃小食心虫(桃蛀果蛾)、白小食心虫、李小食心虫、桃蛀螟等。其中梨小食心虫和桃小食心虫是发生最严重的食心虫种类。

2. 如何识别桃小食心虫的卵?

桃小食心虫的卵初产时为橙色,后渐变为橙黄至黄褐色。竖椭圆形或桶形,以底部黏附于果实上,卵壳表面密生刻纹,顶端环生 2～3 圈"Y"刺毛。孵化前,卵顶端呈现黑色。

初产卵(李定旭)

孵化前卵(李定旭)

3. 如何识别桃小食心虫的幼虫？

幼虫体短圆形，长 13～16 mm，橙红色或桃红色。头部黄褐色，前胸背板、臀板均褐色，前胸侧毛组具 2 毛。第 8 腹节的气门较其他各节的更靠近背中线；腹足趾钩单序环形。越冬后出土幼虫体色为橙黄色。

越冬出蛰幼虫（李定旭）

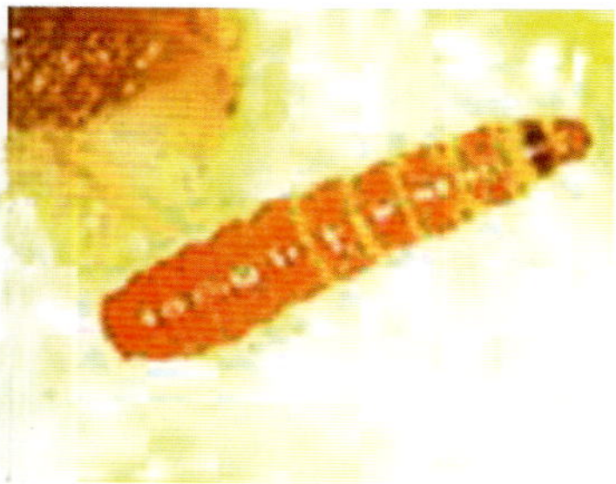

夏季幼虫

4. 如何识别桃小食心虫的蛹？

蛹体长 6.5～8.6 mm，黄白色，近羽化时呈淡灰黑色，复眼红色乃至红褐色，体壁光滑无刺。

由于桃小食心虫通常化蛹于茧内，蛹的形态特征不便直接观察，而在生产实践中茧容易见到。桃小食心虫的茧有冬茧和夏茧两种。

冬茧：越冬茧（冬茧），扁圆形，质地紧密，长 4.5～6.2 mm。

夏茧：是能够化蛹的茧，纺锤形，质地疏松，一端有孔，长 7.8～9.8 mm。

桃小冬茧(李定旭)

桃小夏茧(李定旭)

5. 如何识别桃小食心虫的成虫?

体灰白色或灰褐色。雌虫体长 7～8 mm,翅展 16～18 mm,雄虫体稍小,体长 5～6 mm,翅展 13～15 mm;前翅近前缘处中部有一蓝黑色近三角形大斑,其基部及中央部分具 7 簇黄褐色或蓝褐色的斜立鳞片。前缘凸弯,顶角显著;缘毛灰褐色。

雌雄区别:雄虫触角每节腹面两侧具纤毛,雌虫则无;雄虫下唇须短而上翘,而雌虫则长而平伸略呈三角形。后翅灰色,缘毛长,浅灰色。

桃小雄虫(李定旭)

桃小雌虫(李定旭)

6. 如何识别梨小食心虫的卵？

扁椭圆形，体长 0.6 mm 左右，半透明，中部隆起；初孵乳白色，后淡黄白至棕黄色。

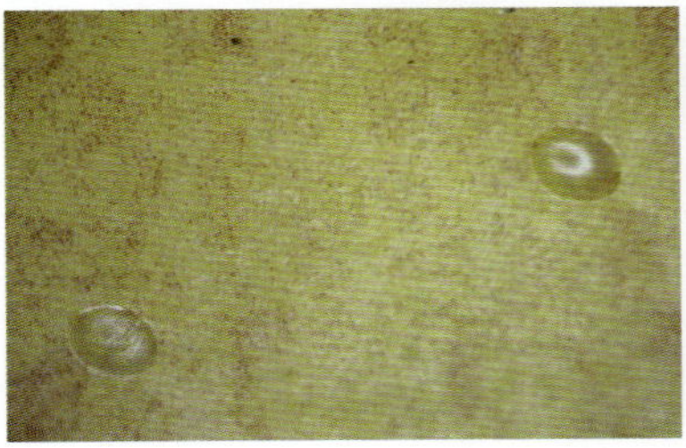

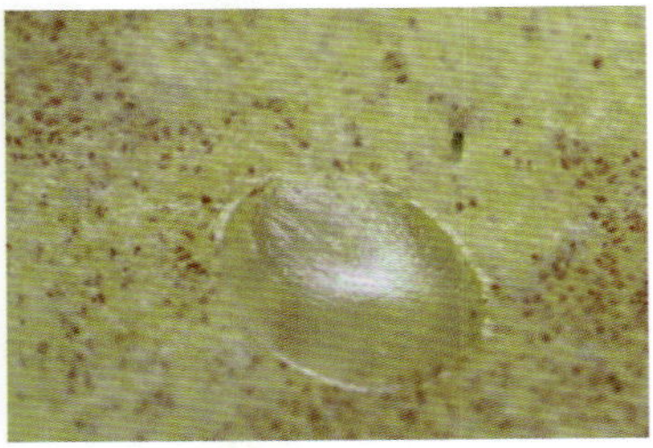

梨小食心虫卵（李定旭）

7. 如何识别梨小食心虫的幼虫？

老熟体长 10～13 mm，头部黄褐色，前胸背板浅黄白色或黄褐色，臀板浅黄褐色或粉红色，上有深褐色斑点。梨小幼虫和桃小幼虫明显的区别为：腹部末端具臀栉 4～7 刺，用以弹去粪粒，可据此特征与桃小食心虫幼虫（无臀栉）相区别；腹部背面每节无桃红色横纹，可与苹小食心虫幼虫相区别。

梨小食心虫幼虫（李定旭）

8. 如何识别梨小食心虫的蛹？

蛹体长 6～7 mm，纺锤形，黄褐色，复眼黑色。第 3～

7腹节背面有2行刺突；第8～10腹节各有一行较大的刺突，腹部末端有8根钩刺。

梨小食心虫的蛹(李定旭)

9. 如何识别梨小食心虫的成虫？

梨小成虫与苹小成虫很相似，但体型较大，体长6.0～7.0 mm，翅展13.0～14.0 mm。全体灰褐色，无光泽。前翅灰褐色，无紫色光泽(苹小食心虫全体带紫色光泽)。头部具有灰色鳞片；触角丝状，下唇须灰褐色向上翘。前翅混杂白色鳞片。中室外缘附近有一个白斑点是本种显著特征。前翅前缘约有10组白色钩状纹，近外缘有10个小黑点。与苹小食心虫的另外一个区别为前翅外缘不很倾斜。静止时两翅合拢，两外缘构成钝角，而苹小食心虫两外缘构成锐角。

梨小食心虫成虫(李定旭)

10. 如何识别苹小食心虫?

苹小食心虫成虫体长 4.5～5.0 mm,翅展 10～11 mm。雌雄蛾形态差异极小。全体暗褐色,有紫色光泽,头部鳞片灰色,触角背面暗褐色,每节端部白色;唇须灰色,略向上翘。前翅前缘具有 7～9 组大小不等的白色钩状纹,翅面上有许多白色鳞片形成白色斑点,近外缘处的白色斑点排列整齐。外缘显著斜走,静止时两前翅合拢后外缘所呈之角约 90°或小于 90°。肛上纹不明显,有 4 块黑色斑,顶角还有一较大的黑斑,缘毛灰褐色。后翅比前翅色浅,腹部和足浅灰褐色。

卵:扁椭圆形,中央隆起,周缘扁平,表面间或有明显而不规则的细皱纹。初产乳白色,后变淡黄色,半透明,有光泽,近孵化时为淡黄褐色。

幼虫:老熟体长 6.5～9.0 mm,全体非骨化区淡黄或淡红色。头部淡黄褐色,前胸盾淡黄褐色,前胸侧毛组 3 毛;各体节背面有两条桃红色横纹,前面一条粗大,后面一条细小。臀板淡褐色，具不规则的深色斑纹，臀栉深褐色4～6齿，腹足趾钩单序环15～34个，大多25个左右，臀足趾钩10～29个，多为15～20个。

蛹：体长4.5～5.6 mm，黄褐色或黄色，第1腹节背面无刺，第2～7腹节背面前缘和后缘各有成列小刺，第3～7腹节前缘的小刺成片，第8～10腹节只有一列较大的刺。腹末具8根钩状刺毛。茧为长椭圆形，灰白色。

苹小食心虫成虫

苹小食心虫危害状

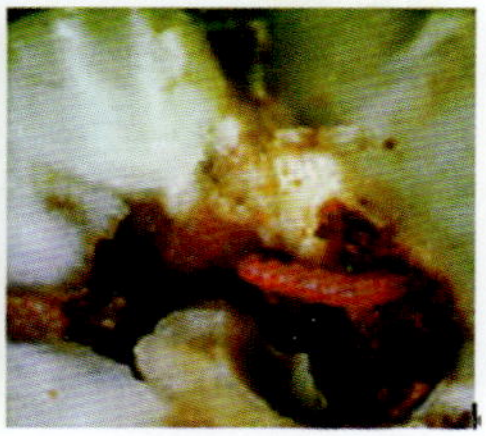
苹小食心虫幼虫

11. 如何识别梨大食心虫？

成虫：体长10～12 mm，翅展22～26 mm。初羽化为暗紫，后变为暗灰或暗紫褐色，前翅具紫色光泽，翅上有2条灰白色弯曲横线，外侧横线的内侧及内侧横线的外侧均有紫褐色宽边。翅中央近中室上方有一肾形白纹，外围黑边。后翅灰褐色，缘毛暗褐色。腹部淡灰褐色。

卵：椭圆形，稍扁平，初产淡黄白色，近孵化时变为红色，长约1 mm。

幼虫：越冬幼虫体长约3 mm，胴部紫褐色；老熟幼虫体长17～20 mm，暗红褐色微绿，腹面色较浅。头、前胸盾、胸足、臀板及胴部第 12 节背面斑纹均为黑色，最后一对气门大，无臀栉。其他食心虫的身体颜色带有红色或粉红色，颜色较浅。梨大食心虫特别是老龄幼虫颜色比较深。

蛹：体长 10～14 mm，黄褐至黑褐色，腹末有 6 根弯曲的钩刺形成一横列。

梨大食心虫成虫（引自王洪平）

梨大食心虫幼虫

梨大食心虫蛹

梨大食心虫危害状

12. 如何识别桃蛀螟?

成虫：体长 12 mm，翅展 22～25 mm，黄至橙黄色。体、翅表面具许多黑斑点似豹纹：胸背有 7 个；腹背第 1 和 3～6 节各有 3 个横列，第 7 节有时只有 1 个，第 2、8 节无黑点，前翅 25～28 个，后翅 15～16 个，雄虫第 9 节末端黑色，雌虫不明显。

卵：椭圆形稍扁，长 0.6 mm，宽 0.4 mm，表面粗糙布细微圆点，初乳白渐变橘黄、红褐色。

幼虫：体长 22mm，体色多变，有淡褐、浅灰、浅灰兰、暗红等色，腹面多为淡绿色。头暗褐，前胸盾片褐色，臀板灰褐，各体节毛片明显，灰褐至黑褐色，背面的毛片较大，第 1～8 腹节气门以上各具 6 个，成 2 横列，前排 4 个圆形，后排 2 个扁圆形。气门椭圆形，围气门片黑褐色突起。腹足趾钩为不规则的 3 序环。

桃蛀螟成虫(李定旭)

桃蛀螟幼虫(引自樊建庭)

蛹：化蛹时做茧，茧大而粗，在茧上有虫粪与碎屑。褐色或淡褐色，体长 13mm，翅芽达第 5 腹节。蛹的腹部背面

第 3～7 节近前排有一排小刺。腹末端呈笔头形突起，在其端部生有 4～5 根弯曲的臀刺。

桃蛀螟雌蛾（李定旭）

桃蛀螟雄蛾（李定旭）

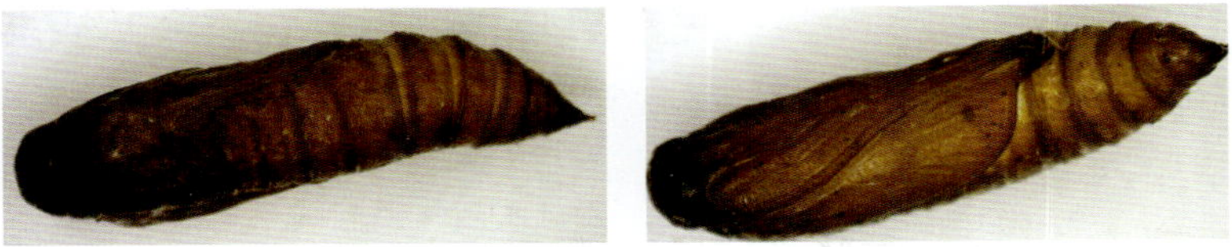

桃蛀螟蛹（李定旭）

13. 如何识别苹果蠹蛾？

成虫：体长 8 mm，翅展 15～22 mm，体灰褐色，前翅臀角处有深褐色椭圆形大斑，内有 3 条青铜色条纹，其间显出 4～5 条褐色横纹；翅基部外缘突出略呈三角形，杂有较深的斜形波状纹；翅中部颜色最浅，淡褐色，也杂有褐色斜形的波状纹。

苹果蠹蛾(引自 Jerry Powell)

苹果蠹蛾 (引自 Shane Farrell)

卵:圆形,长 1.1～1.2 mm,宽 0.9～1.0 mm,极扁平,中央部分略隆起,初产时像一极薄的蜡滴,半透明。随着胚胎发育,中央部分呈黄色,并显出一圈断续的红色斑点,后则连成整圈,孵化前能透见幼虫。

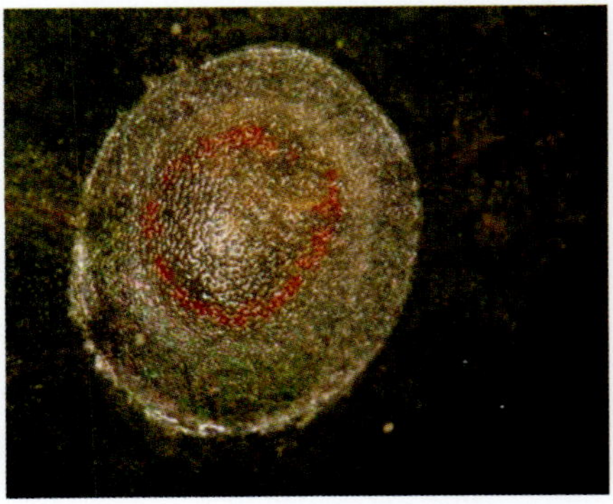

苹果蠹蛾孵化前卵

(引自 Velké Bilovice)

苹果蠹蛾幼虫

(引自 Zdeněk Hyan)

苹果蠹蛾危害状(引自 E. Beers)

幼虫:初龄幼虫体多为淡黄白色,成熟幼虫 14～18 mm,多为淡红色,背面色深,腹面色浅。头部黄褐色。前胸盾片淡黄色,并有褐色斑点,臀板上有淡褐色斑点。

蛹:全体黄褐色。复眼黑色。喙不超过前足腿节。雌蛹触角较短,不及中足末端;雄蛹触角较长,接近中足末端。中足基节显露,后足及翅均超过第 3 腹节而达第 4 腹节前端。雌蛹生殖孔开口第 8 腹节、第 9 腹节腹面,雄虫开口第九腹节腹面,肛孔均开口第 10 腹节腹面。雌雄蛹肛孔两侧各有 2 根钩状毛,加上末端有 6 根(腹面 4 根,背面 2 根)共为 10 根。第 1 腹节背面无刺;腹节 2～7 背面的前后缘各有一排刺,前面一排较粗,大小一致,后面一排细小;腹节 8～10 背面仅有 1 排,第 10 腹节上的刺仅为 7～8 根。

14. 如何识别白小食心虫?

雌成虫体长约 6.5 mm,翅展约 15 mm,全体灰白,复眼黑褐色，触角丝状淡黄褐色。前翅灰白色，外缘部灰褐色并有 4～5 条黑褐色短纹成横列，前缘有 8 组白色斜纹不太清晰，近外缘臀角处有一较大的暗紫褐色斑纹，前翅中部有一横“S”形白纹，近基部有一白色横纹，近中室端部有一近“U”形褐色纹，后翅灰褐色，腹背灰褐色。

卵：扁椭圆形，长约 0.5 mm，中部稍隆起，表面有细皱纹，初产淡黄白色，近孵化时变淡红色。

幼虫：末龄幼虫体长 10～12 mm。全体非骨化部分白色；头部浅棕黄色；前胸背板、臀板及胸足均黑褐色。毛片大，浅褐色；气门缘片深褐色。胴部淡紫褐色，腹部末端具有深褐色的臀栉，6～7 根，腹足趾钩排列成双序环，趾钩数由 30～44 不等，大多为 35～44 个。

蛹：长约 7 mm，黄褐色，第 3～7 节背面各有两排短刺。腹末有 8 根钩刺和短刚毛数根。茧长椭圆形。

白小食心虫(引自 V. Neymorovets)

15. 如何识别李小食心虫？

虫成：体长 4.5～7.0 mm，翅展 11～14 mm。体背面灰褐色，头部鳞片灰黄色，复眼褐色，唇须背面灰白色，其余部分灰褐色而杂有许多白点，向上举。前翅长方形，烟灰色，没有明显斑纹，前缘有 18 组不很明显的白色钩状纹；后翅梯形，淡烟灰色。本种与梨小食心虫很近似，其主要区别在于：本种前翅较狭长，前翅颜色淡，为烟灰色；前缘白色钩状纹不明显，有 18 组，而梨小食心虫则明显，有 10 组；梨小食心虫前翅中室端部附近有一明显斑点，本种则无。

李小食心虫成虫

（引自 Donald Hobern）

李小食心虫危害状

（引自 Donald Hobern）

卵：扁椭圆形，长径 0.6～0.72nm。初产卵为乳白色半透明，后变为淡黄色。

蛹：体长 6～7 mm，初为淡黄褐色，后变褐色，其外被污白色茧，长约 10 mm，纺锤形。

幼虫：老熟幼虫体长约 12 mm，头宽约 0.9 mm，玫瑰红或桃红色，腹面体色较浅。头部黄褐色。前胸背板浅黄或黄褐色；臀板淡黄褐或玫瑰红色，上有 20 多个深褐色小斑点；腹足趾钩粗短，为不规则双序，而梨小食心虫细长且为单序。臀栉 5～7 齿。

李小食心虫幼虫

（引自 Ian Smith）

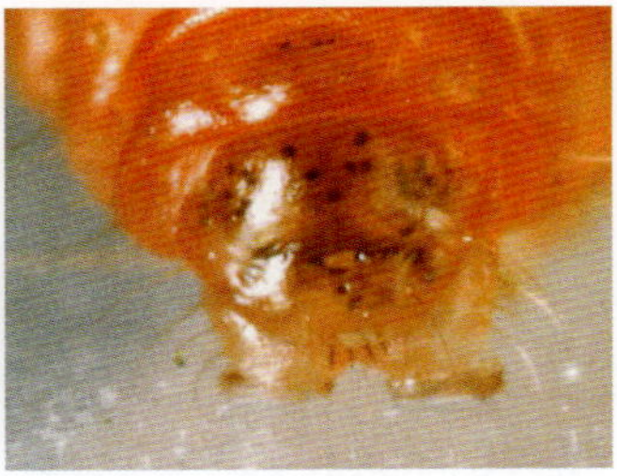

李小食心虫幼虫臀栉

（引自 Ian Smith）

二、发生规律与危害特点篇

16. 桃小食心虫在苹果上的发生规律？

桃小食心虫的年发生代数因地而异，在同一地区的不同寄主上其发生的代数也有差异。在河南省，苹果上每年发生1～3代，以2代为主。各地的桃小均以老熟幼虫在土中做冬茧越冬，来年春夏之交幼虫出土做夏茧化蛹。成虫羽化后产卵于果实，幼虫孵化后蛀果危害。老熟幼虫脱果掉落地面化蛹。

当5 cm处土壤温度在19℃、湿度在10％以上时，越冬幼虫开始破茧出土，6月中下旬雨后大量出土，至8月下旬出土结束，出土期60天以上。越冬幼虫出土的早和晚、集中和分散与当年降雨情况有密切关系。如果雨水较多，幼虫出土既早又集中，死亡率低。干旱年份，出土较晚又不集中，死亡率高。始盛期为5月下旬至6月上旬，盛期为6月中下旬。由于越冬幼虫出土期过长，导致世代重叠严重。在合适的条件下，幼虫咬破冬茧、出土，1天内在地面寻找阴暗场所结夏茧，2天内化蛹，蛹期8～10天；从幼虫出土到成虫羽化需11～20天，平均14天。

成虫于5月下旬始见，始盛期在6月上中旬，一般年份有2～3个发生高峰，成虫羽化后1～3天即可产卵，产卵时期 4～10 天。每头雌虫可产卵 100～200 粒。

田间卵始见于 6 月上旬，此后即连绵不断，一直持续到 9 月下旬，卵的发生期达 100 天左右；卵的历期约 8 天。因此，6 月上旬后，田间幼虫随时都有孵化、蛀入果实的可能，这是造成该虫难以防治、需多次用药的重要原因。幼虫于 6 月上中旬开始蛀果危害，一般年份有 7 月上中旬、8 月上中旬、8 月下旬至 9 月上旬 3 个蛀果高峰。幼虫在果实内取食 14～30 天（平均 22～24 天）后老熟，经由脱果孔脱果、入土结茧，能否发生下一代取决于脱果时间的早晚。第 1 代幼虫脱果时间为 7 月中旬至 8 月中下旬，少数脱果晚者，入土后直接结冬茧越冬；大部分结夏茧发生下一代；第 2 代幼虫脱果时间为 8 月上中旬至 9 月上中旬，少数脱果早者，于地面结夏茧并发生下一代；大部分结冬茧越冬；第 3 代幼虫：9 月上中旬至 10 月上中旬。在苹果采收时还有部分幼虫仍在果中危害，至采收后，运到果场或果窖中陆续脱果，脱果的幼虫钻入土中做茧越冬，脱果幼虫随即滞育，结越冬茧越冬。由于幼虫脱果时期长及果实带虫，越冬场所不仅限于园内，凡堆放过果实地方都有可能有越冬幼虫。

17. 桃小食心虫在梨上的发生规律？

一般一年发生 1～2 代，以 1 代为主。田间成虫发生时间较苹果晚 20 余天，6～7 月份成虫开始羽化。田间卵发生期，最早于6月下旬开始，盛期为7月中下旬至8月上中旬，8月下旬为末期。田间6月下旬即可见到卵，7月上旬开始蛀果，7月中下旬为蛀果盛期。卵主要产在果实萼洼里，有时也产在果面粗糙处，每头雌蛾产卵平均数十粒至几百粒，卵期7～8天。幼虫孵化后于萼洼附近蛀入果内，而后纵横串食。在果内危害20～25天。老熟幼虫于7月中旬至8月中旬开始脱果，脱果孔附近常积有虫粪，还有部分幼虫仍在果中危害，至采收后，运到果场或果窖中陆续脱果，脱果的幼虫钻入土中做茧越冬，脱果幼虫随即滞育，结越冬茧越冬。

在沈阳地区每年发生1代，以幼虫在土中作扁圆形茧越冬。幼虫最早于6月上旬钻出地表，但此时出土数量极少，7月中旬大量出土，7月下旬出土虫数又逐渐减少，8月上旬近于结束。成虫于6月下旬开始，7月下旬最多，8月上旬渐少，8月中旬结束。在梨果上6月底7月初见卵，7月份卵数量最多。受桃小食心虫危害的果实比未受害果早黄。果皮呈姜黄色并很快掉落。幼虫长大从果中钻出，脱果孔明显，以后易变腐烂。

18. 桃小食心虫在枣上的发生规律？

一般一年发生1～2代，以1代为主，部分个体发生2代。以老熟幼虫在土壤中越冬，越冬茧集中分布在树冠下近树冠周围半径1 m内的土中，尤其是近树干处最多；

山地枣园冠下石块、土块及杂草缝中越冬茧也较多。

越冬代成虫自5月下旬至8月上旬发生，盛期在6月下旬至7月上中旬，比苹果园大约晚半个月。陕北地区越冬代成虫初发于6月上旬，于7月中旬达盛期。第1代成虫于8月中旬初发，盛发期在8月下旬，其数量往往多于越冬代。70%以上的卵产在枣叶背面近中脉处。河北中部地区第1代蛀果期在7月份(为青果期)，多从果实顶部蛀入，并留出白色黏液，蛀果孔随后愈合成针尖大小的点，中心白色，周围红色，并稍凹陷；幼虫虫蛀入果心，在枣核周围蛀食果肉，边吃边排泄，核周围都是虫粪，虫果外形无明显变化。后期虫枣出现片红，并稍凹陷皱缩，老幼虫多从此处蛀一侧孔脱出，有的虫枣皱缩脱落。第2代危害枣果在8—9月份，此期枣果已接近成熟，在树上不易区别，采收时部分幼虫尚未脱出。蛀入孔一般是个小褐点，果形不变。核周围1～3 mm处果肉被食空，装满虫粪，即所谓“豆沙馅”。

19. 梨小食心虫在苹果上的发生规律？

每年发生代数因各地气候不同而异。梨小食心虫在东北及河北3～4代，在黄河故道4～5代，广西7代。各地均以老熟幼虫在果树枝干和根颈裂缝处及土中结成灰白色薄茧越冬。华北第4代多为不完全世代，以3代和部分4代幼虫越冬。翌年春季4月上中旬开始化蛹，此代蛹期 15～20 天。成虫发生期 4 月中旬至 6 月中旬，发生期很不整齐，致以后世代重叠。

苹果、梨园周围只要有桃树，其越冬代与第一代会飞到桃树上，产卵于嫩梢叶片上，极少在苹果与梨树上产卵，只有以后几代才危害梨、苹果果实。北方各地果园中从第 3 代开始大量危害果实。

20. 梨小食心虫在梨上的发生规律？

梨小食心虫主要危害梨、桃、苹果，在桃和梨混栽的梨园危害较重。梨小第 1 代、第 2 代主要危害桃梢，第 3 代以后才转移到梨园危害。但发生时期在不同地区差异较大。

在东北（如辽宁），梨小食心虫老熟幼虫在树干翘皮下、剪锯口处结茧越冬，单植梨园梨小发生 2～3 代。越冬代成虫发生在 4 月下旬至 6 月中旬；第 1 代成虫发生在 6 月末至 7 月末；第 2 代成虫发生在 8 月初至 9 月中旬。第 2 代幼虫主要危害梨芽、新梢、嫩叶、叶柄，极少数危害果。有一些幼虫从其他害虫危害造成的伤口蛀入果中，在皮下浅层危害。还有和梨大食心虫共生的。第 2 代幼虫危害果增多，第 3 代果危害最重。第 3 代卵发生期 8 月上旬至 9 月下旬，盛期 8 月下旬至 9 月上旬。

在河北中部，梨小食心虫在单植梨园每年可发生 4～5 代，越冬代成虫发生在 4 月上旬至 5 月中旬，第 1 代成虫

易脱落。幼虫蛀食果实2～3天后，在被害果尚未脱落前，即行转果危害，尤其当2～3个果生长靠近时，幼虫更易迁果危害。但随果落地的小幼虫，由于落地虫果很快干枯，多数不能完成幼虫期。第2代幼虫蛀果后，不能危害果仁，只蛀食果肉，果实被害后常表现出“流泪”现象，一般每头幼虫只危害1个果实，受害果不脱落。第3代幼虫大部分由果梗基部蛀入，被害果表面无明显症状，但比好果提前成熟和脱落。雌蛾能分泌性信息素，产卵最低温度为15℃，最适温度为24～28℃，卵量平均为50多粒。

24. 白小食心虫的发生规律?

白小食心虫在辽宁、河北、山东等省的苹果和山楂产地，一年发生2代。以老龄幼虫做茧越冬。越冬部位在苹果大树上，幼虫多在树干粗裂、翘皮下结茧；在山楂树上，树干上很少，多在树下落叶和地面上结茧。在山东则是以小幼虫在树体上做茧越冬。辽宁地区，危害苹果树的桃白小卷蛾，苹果发芽时越冬幼虫陆续破茧出蛰，上树吸食嫩芽和卷害叶片，6月上中旬幼虫老熟在卷叶里做茧化蛹，越冬代成虫发生期为6月中下旬。在山东，来年春季，当元帅系苹果初花至盛花期时（胶东为4月下旬）出蜇，出蜇后危害卷叶。一般多在内膛下部尤其是根、蘖、苗上取食，并一直危害到麦收前。

越冬代成虫于5月下旬至6月上旬发生。成虫羽化时间多集中于5:00～7:00,越冬代发蛾相当集中,开始发蛾后2～3天即达到始盛期,7～8天达到盛末期。第1代卵散产在叶片背面,少数在果实上,卵期10天,于麦收前开始蛀果。幼虫孵化后,爬至果实萼洼处、两果相靠处或叶果相接触处蛀入。在苹果上蛀入后潜入不深,并不深入果心,只在浅层局部危害。幼虫将粪便排于果外,以虫丝粘连粪粒成团而不脱落,这是该虫危害的主要特征。在山楂上,可危害2～4个幼果,被害果因失水而干枯。幼虫老熟后在最后危害果中化蛹。幼虫期30～45天,幼虫在被害处化蛹。第1代成虫于7月中旬至8月中旬发生,仍产卵于果上,幼虫孵出蛀害果实,经一段时间老熟从果内脱出,转移至越冬部位越冬。

危害山楂树的桃白小食心虫,越冬幼虫于5月上旬开始化蛹,5月中旬达盛期。蛹期15～22天。越冬代成虫在5月下旬至6月下旬发生,产卵于山楂叶背面,幼虫孵出后爬到果上蛀害。幼虫多从果萼洼处蛀入,还有的在果与果、果与叶相贴处蛀果,被害处堆有虫粪。幼虫在被害处化蛹,蛹期10天。第1代成虫于7月中旬至8月下旬发生,盛期为7月下旬至8月中旬。第2代卵多产于果面和叶背面。幼虫从果萼处蛀入,在果内危害1个半月。于8月下旬至10月中旬陆续脱果落地,在落叶内或土面上结茧滞育越冬。

25. 苹小食心虫的发生规律？

华北地区苹小食心虫发生1～2代。以老熟幼虫在苹果树、梨树、桃树的老树皮的裂缝下或树洞内等隐蔽处越冬。翌年3月下旬越冬幼虫开始化蛹，4月上旬为化蛹盛期。4月中旬初蛹羽化，盛期为4月中旬末下旬初。第1代幼虫发生期为5月上旬至6月下旬，6月中旬末第1代幼虫开始脱果化蛹。7月上中旬为第1代成虫发生期。7月下旬至9月中旬第2代幼虫在果内蛀食危害，9月中旬末第2代幼虫开始脱果越冬，10月上旬末脱果结束。

成虫白天不活动，潜伏在叶片下，傍晚活动最盛。对果醋、糖蜜、茴香油、黄樟油有一定的趋性。喜在光滑的果面上产卵，大多产在果实的胴部，极少产在萼洼和梗洼处，在梨树上也有少数卵产在叶片上。单雌产卵量越冬代为18～42粒，一代成虫为22～95粒。幼虫孵化后先在果面爬行1～7 cm，约1小时后咬破果皮蛀入果内，入果2～3天后虫疤上有2～3个排粪孔，3～4天流出第1次果胶，7～14天流出第2次果胶。幼虫在果内不断向四周扩展蛀食，但很少蛀入果心。老熟幼虫多从原蛀孔边缘脱果，沿树干爬至粗糙处隐蔽结茧化蛹。

老熟幼虫在树体上的越冬虫量与果实成熟期和采收期的早晚有关，成熟愈晚的品种，其越冬虫量愈多；成熟愈早的品种，越冬虫数愈少，有的甚至没有越冬幼虫。在树体上的越冬部位与树龄有关，在大树、老龄树上，幼虫多在树体上部枝条的剪锯口处越冬；在小树、幼龄树上，多在树体下部主干的老翘皮下越冬。

26. 桃小食心虫在苹果上的危害特征？

桃小食心虫幼虫只危害果实。苹果受害，果面有针尖大小蛀入孔，孔外溢出泪珠状汁液，干涸后呈白色絮状物。幼虫在果内串食，虫道纵横弯曲，并留有大量虫粪，呈“豆沙馅”状。没有充分膨大的幼果受害多呈畸形，俗称“猴头果”。

桃小食心虫危害状

后将多个果相互缀连在一起，在其中取食。危害桃果实时，当蛀完一果实后，拉丝再拖另一果实。危害苹果果实时，由两洼处蛀入，但以萼洼处为主；在萼洼处做一隧道，此隧道突出于果外，呈一圆锥体，由此处直接蛀入果实。

35. 桃小食心虫的生活习性？

成虫羽化时间多在下午 18:00 后，以 19:00～ 21:00 最为集中，雌雄性比 1∶1；白天潜伏于阴暗的叶背或草丛中，日落后开始活动，子夜时最活泼；飞行能力差；对糖醋酒液无趋性，对异性趋性强；对普通黑光灯无趋性，对绿光有趋性。产卵有明显的选择性：在田间早中晚熟品种同时存在时，多选择中熟品种产卵，如金冠、新红星等；产卵部位主要产卵于果实，并选择凹陷、背阴、多毛的部位如萼洼、梗洼处产卵。但在枣上，也可产卵于叶柄、果柄和枣吊上。

幼虫孵化多在清晨，初孵幼虫在果面暴露时间短，仅数十分钟；蛀果时咬而不吃；入果后，幼虫直入果心，取食种子后再食果肉。脱果幼虫具有明显的背光性，多选择阴暗的场所结茧化蛹；越冬场所包括果园内和果园外，果园外包括堆果场、包装场、酿酒场、仓库；果园内包括平地果园：集中于树盘内（距主干 1 m 以内/就地入土）；山地果园：除树盘内之外，行间、田埂、梯田壁也有。

越冬后出土幼虫的分布受地面环境条件影响很大。地面平坦，无杂草、石块时，幼虫多集中在树干周围；地面有杂草或石块时，幼虫则分散在整个树盘的范围内。

36. 梨小食心虫的生活习性?

梨小食心虫具有明显的转移寄主及危害部位的习性。在桃、梨、苹果混杂的果园,第1代主要危害桃梢,第2代开始部分危害果实,但仍以蛀梢为主。而在纯苹果、梨、山楂区,第1代小幼虫危害新梢,第2代开始危害果实。第3、4代主要危害果实,但仍有少数危害新梢。在果园中,梨小食心虫喜欢危害桃树,在梨树上白梨受害重,洋梨受害轻,在苹果上,以秋花皮、金帅、元帅受害重。

成虫习性:①夜出性:黄昏后出来活动,成虫于黄昏前后婚飞呈波浪形。②趋性:成虫有趋化性,对0.12%的氨制八角茴香素有强烈的趋性,对糖醋酒液趋性明显。有强烈的趋光性,尤其是对短波光有趋性。对性激素有强烈的趋性。梨小性诱剂是我国人工合成最早的果树害虫性诱剂,其主要成分是顺-8-十二烯-1-醋酸酯,其中加入6%~10%的反式异构体时诱蛾活性最高。③产卵:梨小食心虫的卵单产,每处仅一粒,个别果实有两粒。产卵前期为1~2天。成虫寿命,当温度为24~29℃,湿度70%以上时为3~6天。在此范围内,温度适宜,湿度越大,寿命越长,产卵量越多。当湿度为90%时,单雌产卵量为28粒;湿度降至60%时为8粒,50%时为4粒。在成虫发生高峰后3~5天为产卵盛期。④产卵部位:第1、2代卵产在桃树嫩梢第3~7片叶的背面,喜在叶脉处;第3、4代卵产在果面上,尤其以两果靠拢处为最多;在梨树上以中晚熟品种着卵量大。当有的年份温度较低，叶片尚未成形，卵也可产在新梢的枝条上。

化蛹场所：越冬代在越冬场所化蛹，其余各代在老翘皮、裂缝等处。危害新梢的幼虫有时喜在2年生枝剪口顶端的髓部蛀入内化蛹。

37. 桃小食心虫的分布及危害？

桃小食心虫主要分布于我国北方各地果树产区，国内分布西起甘肃、东至山东，南及江苏、北达黑龙江；近年来，福建也有该虫危害的报道。国外主要分布于朝鲜、韩国、日本、俄罗斯远东地区。

桃小食心虫田间危害状

寄主植物包括蔷薇科的苹果、梨、桃、枣、李、山楂等，以及鼠李科的枣、酸枣等。

38. 梨小食心虫的分布及危害？

梨小食心虫属鳞翅目小卷叶蛾科，又名东方蛀果蛾、桃折梢虫，国外广泛分布于亚洲、欧洲、美洲、大洋洲，国内分布遍及南北各果区，是果树食心虫中最常见的一种，可危害桃、苹果、梨、李、杏、梅、樱桃、沙果、山楂、枇杷等。

梨小食心虫危害桃梢

梨小食心虫在桃树上既危害果实又蛀食新梢，蛀食新梢时，幼虫从新梢端部第2～3片叶子的基部蛀入，不久由蛀孔流出树胶，并有粒状虫粪排出，幼虫在新梢中向下蛀食桃梢嫩尖的幼嫩木质，尖端的叶和枝条则萎蔫下垂，是梨小的重要标志之一；当蛀到硬化部分时，幼虫从梢中爬出，转移危害附近的新梢。被害梢易折断。桃梢受害率高达80％以上。桃、杏、李果蛀入孔较大，多在果核附近蛀食并有很多虫粪。

43. 为什么要进行食心虫的监测调查？

果树病虫害预测预报工作是果树病虫害防治工作的基础，是制定各项防治决策的科学依据，没有准确的预测预报就达不到科学防治的目的。调查监测则是果树病虫害防治工作基础的基础。一方面，监测调查工作能够及时掌握食心虫发生动态及危害情况；另一方面，监测调查工作能够为食心虫发生动态预测提供必要的数据，保证食心虫发生动态预测的可靠性。

44. 如何在田间调查桃小或梨小食心虫的卵果率？

选择危害轻重不同、面积不小于 5×667 m^2（1 亩）的果园 3～5 个作为调查园，于每个园内采用棋盘式取样法，选择苹果树 10 株，在每株树的东、南、西、北、中 5 个方位，各随机调查 20 个果实，每株树调查 100 个果实，每 5 天调查 1 次，记载调查果上的卵果数和卵粒数，调查后将卵抹掉，计算卵果率，结果记入调查表。

45. 如何在田间调查桃小或梨小食心虫的虫果率？

选择危害轻重不同、面积不小于 5×667 m^2 的果园 3～5 个作为调查园，于每个园内采用棋盘式取样法，选择苹果树 10 株，在每株树的东、南、西、北、中 5 个方位，各方位随机调查 20 个果实，每株树调查 100 个果实，每 5 天调查 1 次，记载调查果上的虫果数和幼虫脱果孔数，计算虫果率，结果记入调查表。

46. 如何用性诱剂调查食心虫？

选择上年食心虫发生较重、面积不小于 $5\times667\ m^2$ 的果园 2～3 个。每园采用对角线 5 点取样法，在果园中部选 5 株树，树间距 50 m，每株悬挂 1 个性诱剂诱捕器，诱捕器悬挂在树冠外围距地面 1.5 m 树荫处。诱芯每隔 30 天更换 1 次。每日上午检查诱蛾数，统计和记载每日诱捕器诱蛾数量。

47. 如何用糖醋诱调查食心虫？

原料：红糖 5 份、醋 20 份、白酒 2 份、水 80 份。

配制法：先将水和红糖溶化在一起加热至沸，待糖液冷却后，再加上醋和白酒搅匀即成。

糖醋液可放在玻璃罐瓶或瓷盆内，每瓶装到瓶的 1/3 即可。将盛有糖醋液的罐头瓶挂在树行间，切忌在树的向阳面，以防糖醋液蒸发过快。在多风干燥的季节里，需 4～5 天增添 1 次，保持一定数量的糖醋液，在大雨之后要更换糖醋液。诱集到的成虫应在清早取回，清理分类、记载数量，作为预报的依据。

48. 如何用综合方法调查食心虫？

由于不同的监测方法各有优缺点，所能监测的内容也各有侧重。因此，为全面了解食心虫的发生发展动态，有必要综合利用各种监测方面进行食心虫的监测。如利用性诱剂调查雄成虫，利用糖醋诱调查雌成虫，在果面调查虫卵，用剖梢、剖果调查幼虫，通过调查粗皮缝隙及树周土壤了解虫蛹。

49. 果树食心虫的预测有什么作用？

病虫害预测预报是病虫害防治工作的基础，是开展防治工作的重要依据。这是因为，尽管病虫害的种类很多，发生时间和危害程度也不尽相同，但每一种病虫害的发生和发展都是有其自身的规律性，且与周围环境条件的变化有着密切的关系。这些规律性的变化可以通过长期的调查，逐渐被人们所掌握，并据此对病虫害的发生、发展加以预测。

果树食心虫预测预报的目的，是通过对食心虫长期的系统观察，结合当时果树的生长发育状况和气候条件等因素加以综合分析，掌握果树食心虫的发生发展规律，正确地推测其发生的可能性和未来发展的趋势，并作出及时的预报。

通过发布预报，指导当地果树食心虫的防治工作，特别是使果农能够掌握最适宜的食心虫防治时期，指导果农在病虫生长的关键时期积极有效地采取多种防治措施（如农业防治、物理防治、生物防治和化学防治等）开展防治工作，以减少防治工作的盲目性，及时做好防治准备，合理地组织人力、物力，准确、及时地控制食心虫的危害。

实践证明，只有搞好果树食心虫的预测预报工作，才能更好地贯彻“预防为主，综合治理”的方针，使果树食心虫防治工作能够做到防在关键上、治在要害处，收到事半功倍的效果。

50. 对果树食心虫可进行哪些方面的预测？

（1）发生期预测。发生期预测就是预测食心虫的某种虫态或虫龄的出现期或危害期。从食心虫生活史、物候学的角度研究其发生期，以此作为确定防治时期的依据。

（2）发生量预测。发生量预测就是预测食心虫的发生数量或田间虫口密度，主要是估测食心虫的虫口数量是否有大发生的趋势和是否会达到防治指标。从害虫猖獗理论及农业技术经济学观点出发，运用多年积累的系统资料，以此作为中、长期预测的依据。

（3）危害程度预测及产量损失估计。在发生期、发生量等预测的基础上，根据果树栽培和食心虫危害相结合的观点，进一步研究预测某种果树对虫害最敏感时期，即危险发育期，是否完全与食心虫破坏力、侵入力最强而虫数最多的时期相遇，从而推断虫灾程度的轻重或所造成损失的大小；配合发生量预测进一步划分防治对象果园，确定防治次数，并选择合适的防治方法，控制或减少危害损失。

51. 食心虫发生期预测方法有哪些？

（1）发育进度预测法。害虫发生期预测中，常将某种害虫的某一种虫态或某一虫态的发生期，按其种群数量在时间上的分布进度划分为始见期、始盛期、高峰期、盛末期

的常见病害及其原因如下：

（1）黑点病，由粉红聚端孢菌侵害果实或康氏粉蚧危害果实所致。

（2）果实红点病，由斑点落叶病菌（半知菌亚门真菌）引起。

（3）果实苦痘病和痘斑病，为生理性病害，由缺钙引起。

（4）果实日灼，与除袋时间及土壤干旱有关。果锈，与套袋时间、使用药剂、喷药方法、树势强弱等有关。

（5）果皮裂口，与纸袋质量如透气性、生长季节水分状况、去袋时气候干燥等有关。

57. 为什么要及时清理果园？

在食心虫的防治中，及时清理果园有着十分重要的意义。

很多食心虫都以幼虫的形式在残枝落叶、枯老的树皮等上面越冬，及时清理果园能够清除这些害虫的越冬场所。

很多食心虫蛀果后很容易引起果实的脱落，大量的害虫也随着落果落入果园的地面中，及时清理果园，清除落果也就减少了园内残存于落果内的害虫。

58. 桃小食心虫的物理防治与农业防治措施有哪些？

（1）果实套袋。能有效防止桃小危害果实，果实套袋是防治蛀果类害虫非常有效的物理方法。

（2）减少越冬虫源基数。在越冬幼虫出土前，将距树干 1 m 的范围、深 14 cm 的土壤挖出，更换无冬茧的新土；或在越冬幼虫连续出土后，在树干 1 m 内压 3～6 cm 新土并拍实，可压死夏茧中的幼虫和蛹；也可用直径 2.5 mm 的筛子筛除距树干 1 m、深 14 cm 范围内土壤中的冬茧。

（3）设置化蛹场所诱捕。在幼虫出土和脱果前，清除树盘内的杂草及其他覆盖物，整平地面，堆放石块诱集幼虫，然后随时捕捉。

（4）摘除虫果。在第 1 代幼虫脱果前，及时摘除虫果，并带出果园集中处理。

（5）清除落果。6 月下旬开始是幼虫蛀果危害期间，每半个月对园内检查 1 次，及时摘除虫果、拾落果，筛茧，并及时深埋或销毁，减少虫源。深埋落果、烂果。

（6）物理阻隔诱集。在越冬幼虫出土前，用宽幅地膜覆盖在树盘地面上，防止越冬代成虫飞出产卵，如与地面药剂防治相结合，效果更好。

59. 梨小食心虫的物理防治与农业防治措施有哪些？

（1）合理配植树种。此虫有转移寄主的习性，规划果园时，尽量不要桃、梨混栽或相邻。

（2）刮除粗翘皮。冬季或早春果树发芽前，刮除树干及枝干处的粗、翘、病皮，并集中深埋或烧毁。刮后伤口最好用 5°B′e 石硫合剂消毒。

（3）及时套袋。套袋前必须严格喷施 1 遍杀虫杀菌剂，喷药后必须在 4 天之内套完。要做到全园每果必套。

（4）糖醋液诱杀。4 月中下旬将加有敌百虫的糖醋液装入直径 20 cm 的小盆内，悬挂于树背阴的枝干上，距地面 1.5 m 左右，能诱杀大量成虫。

（5）黑光灯诱杀。利用梨小食心虫对黑光灯有一定的趋性，每 3 hm^2 安装 1 盏黑光杀虫灯，可捕杀大量成虫。

（6）剪除被害梢。在 5—6 月份梨小食心虫危害桃梢时，及时剪去虫梢，烧毁。

（7）设置阻隔、诱集带。果实采收前，将树干上捆绑草束、破布、麻袋片、旧报纸等，诱集脱果越冬幼虫，翌年 2 月份取下集中烧毁。也可用诱虫带直接绑缚。

（8）清洁果园。及时捡拾落地虫果，集中深埋。秋冬时将果园枯枝、落叶、僵果、杂草清扫干净，集中烧毁。

60. 梨大食心虫的物理防治与农业防治措施有哪些？

（1）果实套袋。

（2）结合冬季修剪，剪掉越冬虫芽。开花后检查花丛，用木棍敲震花枝或用手摇动树枝，如花丛或叶丛凋萎，鳞片不落，捏死幼虫。5 月中旬以后，越冬蛹羽化前，连续摘除虫果。

（3）保护天敌。在天敌（如黄眶离缘姬蜂、瘤姬蜂等）繁殖季节，尽量不用或少用剧毒农药。

（4）收集虫果。收集到的虫果放到铁丝网里，铁丝网网眼大小以梨大成虫飞不出为宜，待寄生蜂（蝇）羽化飞出后，将梨大食心虫成虫消灭。

61. 李小食心虫的物理防治与农业防治措施有哪些?

(1)树干基部培土。在越冬代成虫羽化出土前,在树盘干基周围 50～70 cm 地面培以 10 cm 厚的土堆,并踩紧踏实,使羽化后的成虫不能出土,同时结合整地、除草、刮树皮消灭越冬虫源。

(2)经常保持园内卫生,将落果扫净,以达到减少翌年虫源的目的。另外,在一个地区统一防治,这是决定防治效果好坏的重要因素。

(3)果实采收前,将树干上捆绑草束、破布、麻袋片、旧报纸等,诱集脱果越冬幼虫,翌年 2 月份取下集中烧毁。也可用诱虫带直接绑缚。

62. 白小食心虫的物理防治与农业防治措施有哪些?

(1)地面防治。春季刨树盘,将表土翻到底层 10 cm 以下,可闷死羽化的成虫。

(2)摘除虫果。及时摘除虫果,并集中深埋或烧毁处理。

(3)保持园内卫生。秋冬季彻底清扫果园,清除杂草和落叶,刮除树干上的老皮,集中烧掉或深埋,以消灭越冬幼虫。

(4)果实采收前,将树干上捆绑草束、破布、麻袋片、旧报纸等,诱集脱果越冬幼虫,翌年 2 月份取下集中烧毁。也可用诱虫带直接绑缚。

五、生物防治篇

63. 食心虫的生物防治方法有哪些?

主要利用天敌寄生蜂、真菌、细菌性药剂(Bt 乳剂)、昆虫病原线虫等,或使用性诱剂或性诱捕器进行灭杀或迷向。

寄生蜂的种类主要有姬蜂、茧蜂、姬小蜂、细蜂等,常用的有东方愈腹茧蜂、食心虫白茧蜂、松毛虫赤眼蜂、螟黄赤眼蜂、广赤眼蜂、微小赤眼蜂、玉米螟赤眼蜂、桃小甲腹茧蜂和中国齿腿姬蜂等。在 1、2 代成虫产卵初期、盛期、高峰期、末期各释放 1 次寄生蜂,视蜂的种类不同,放蜂量也有所变化,一般每亩放寄生蜂 2 万～3 万头,可有效控制该虫危害。

真菌种类主要以白僵菌与绿僵菌为主,目前应用较广泛的是球孢白僵菌。一般使用僵菌孢子液体喷雾,或在树干周围用僵菌粉剂处理土壤都会取得比较理想的效果。

昆虫病原线虫种类主要有异小杆线虫、格氏线虫与斯氏线虫等。一般在树干周围使用线虫液体喷施地面,各地因气候及环境条件不同,应用剂量变化很大,一般每亩施用在 1 亿～3 亿条。

64. 什么是性诱剂？

性诱剂是人工合成的昆虫性信息素。昆虫的性信息素是性成熟的雌虫分泌，引起雄性昆虫性行为的化学物质。性信息素研究涉及到生态、生化、遗传、蛋白质和信号传递等方面，全世界已经鉴定和合成的昆虫信息素及其类似物达 2 000 余种。

昆虫性诱剂能够模拟昆虫雌虫释放出的性信息素吸引雄虫前来交配，以干扰雄成虫找到雌成虫进行正常交配。昆虫性诱剂经济、高效、简便、安全，在测报和防治中作用突出，尤其对绿色果品生产效果尤为明显。

65. 如何使用性诱剂对食心虫进行防治？

使用性诱剂防治食心虫分两种方法：一种是诱杀法，即利用性诱剂诱杀食心虫雄虫，降低雌虫的交配率；另一种是迷向法，即使用大量的性诱剂，使雄虫无法找到雌虫从而达到干扰食心虫交配的目的。

66. 性诱剂诱捕法如何防治食心虫？

在田间设置适宜的诱捕器，在诱捕器内设置性诱芯，定期清理诱捕器内的食心虫死虫，并根据性诱芯的有效期定期更换性诱芯。诱捕器的数量和诱捕器的种类有关，如使用水盆诱捕器，一般每亩果园均匀放置 6 盆，盆间相距 10 m。大面积统一使用时，周边诱盆密度比中间大些。诱盆不足时可使用大碗等代替，并适当增加诱捕器数量。

67. 常见食心虫性诱剂使用的诱捕器的种类有哪些？

性诱剂捕虫装置有黏着型、杀虫剂型、电击型、活捕型、水盘型等类型。鳞翅目昆虫常用诱捕器类型：水盆式、圆筒形、双层船形、三角形、有盖漏斗形等。效果较稳定的最常用的是黏着板、黏着带和水盘。

三角形诱捕器

船形诱捕器

水盆诱捕器

68. 如何制作简易水盆诱捕器？

选用直径 25 cm、深 8 cm 的硬塑料盆（绿色最好，其后为蓝、黄、红、棕、黑、白，注意不能使用软塑料盆），在盆沿下 2 cm 处对称打两排排水孔（以防下雨后水浸泡诱芯），盆沿上也对称打孔（4 个即可），用以固定水盆。将细铁丝自盆沿孔中穿过、拉直，在盆中央扭一小环。

简易水盆诱捕器

简易诱捕器也可用空杯，空油桶、可乐瓶等制作。

69. 如何使用水盆诱捕器?

(1)在比较开阔、枝叶松散的树荫下旋转诱盆较好,用3根竹竿或木棍捆成支架支起诱盆,诱盆也可直接吊在树上。盆距地面高度为1.5 m左右,盆内注入洗衣粉水(浓度约为0.3%)。

(2)用细铁丝自诱芯中央穿过,铁丝尖端弯曲成勾或环,吊住诱芯(诱芯开口向下),将诱芯挂在盆中央的铁环上,使诱芯高出水面0.5～1.0 cm。

(3)及时将死虫捞出,并将水加至排水孔(一般要在傍晚每天进行1次),每周或在大雨过后补加1次洗衣粉。

70. 如何使用性诱剂的迷向方法防治食心虫?

性诱剂迷向法是一种防治梨小食心虫的新方法,它是通过高浓度性信息素干扰梨小或桃小食心虫雌雄虫间的交配通信联系,最大限度地降低成虫交配率,减少繁殖数量,达到防治目的。该方法具有高效、绿色、环保的特点,目前全国正处于推广初期阶段。

具体方法是:食心虫成虫羽化期前(不同地区食心虫成虫羽化期有所不同),也就是在果园出现成虫前,在每棵树的树冠上部1/3处,分不同方位均匀挂设一定数量的迷向散发器。

由于不同公司生产的迷向用性诱丝或性诱芯差别比较大,因此使用的数量也不尽相同,可根据具体购买的迷向散发器说明书设置相应的数量。在防治期内约2个月更换 1 次。

71. 桃小食心虫的生物防治?

桃小食心虫的生物防治可以利用寄生蜂、线虫、真菌及细菌性农药进行防治。

细菌性药剂：目前应用较多的主要是苏云金杆菌制剂。在幼虫孵花盛期，喷 Bt 乳剂 500～600 倍液，使桃小食心虫罹病死亡。

病原真菌的利用：主要以白僵菌与绿僵菌为主，目前应用较广泛的是球孢白僵菌。在果树周围的地面喷施白僵菌粉剂悬浮液进行土壤处理，土壤处理时间一般可以掌握在越冬幼虫出土始盛期或者秋末季节幼虫脱果盛期，在土壤湿度有保障的情况下对食心虫的防治效果比较理想，并且有一定的迟效性。

病原线虫的利用：目前主要利用异小杆线虫、格氏线虫与斯氏线虫。一般在树干周围使用线虫液体在地面喷施，各地因气候及环境条件不同，应用剂量变化很大，一般每亩施用在 1 亿～3 亿条；土壤处理时间一般可以掌握在越冬幼虫出土始盛期或者秋末季节幼虫脱果盛期，在温度 20～22℃，土壤含水量在 10%以上时下对食心虫的防治效果比较理想。

性诱剂的利用：使用性诱剂或性诱捕器用性诱剂制作诱杀瓶，能大量诱杀雄虫，有效降低田间雄成虫数量，减少桃小食心虫繁殖率。

72. 梨小食心虫的生物防治？

生物防治是无公害果品生产的重要措施之一。梨小食心虫的生物防治可以利用寄生蜂、细菌性农药及性诱剂进行防治。

在梨小食心虫成虫羽化高峰期1～2天后人工释放松毛虫赤眼蜂，每3～5天释放1次，连续释放3～4次，每亩释放2万～3万只，可收到良好的防治效果。

在梨小食心虫卵孵化盛期，喷洒Bt乳剂500～600倍液。

田间自然寄生蜂的利用：寄生于梨小食心虫的寄生蜂种类较多，包括寄生幼虫的小茧蜂、茧蜂、姬蜂、姬小蜂，以及寄生于卵的赤眼蜂等。这些寄生蜂对梨小食心虫的寄生率一般在10%～20%，有些年份可达50%以上，应注意保护利用——避免在梨园使用广谱性杀虫剂，同时通过人工种草、自然生草等，促进果园昆虫天敌害虫的增殖。

使用性诱剂或性诱捕器：用性诱剂制作诱杀瓶，能有效降低田间雄成虫数量，减少梨小食心虫繁殖率。也可以采取迷向法，在园内挂多个迷向丝，使雄虫不能辨别雌虫的方位，不能交配，达到防治的目的。

73. 梨大食心虫的生物防治？

梨大食心虫的生物防治可以利用寄生蜂、细菌性农药进行防治。寄生于梨大食心虫的寄生蜂种类较多，包括寄生幼黄眶离缘姬蜂、瘤姬蜂、离缝姬蜂及茧蜂和寄生蝇，这些天敌对梨大食心虫的自然控制作用较大，但这些天敌羽化后，成虫在枝、叶片、果实间活动栖息，对农药较敏感，应注意充分的保护利用。

性诱剂诱杀。在成虫发生期果园内挂放装有梨大食心虫性诱剂的诱捕器，诱杀成虫。

74. 李小食心虫的生物防治？

(1)诱杀成虫。使用性诱剂诱杀或糖醋液诱杀，对成虫均有良好的杀伤效果。

(2)可用生物防治进行树冠下土壤处理，如白僵菌等，或在果园里放小鸡进行防虫。

六、化学防治篇

75. 化学防治在果树病虫害综合治理中的地位和作用是什么?

我国现阶段的植保方针是"预防为主,综合防治",它强调以农业防治为基础,因时因地制宜,合理运用化学、生物、物理等措施达到安全、经济、有效控制病虫危害的目的。在综合防治措施中,农业防治是第一道防线,结合农事操作,降低有害生物危害的方法,主要是预防性的;生物防治是第二道防线,利用天敌对有害生物的调节作用,使其在一段时间内保持生态平衡而又在一定的程度上抑制有害生物的种群数量的方法;化学防治是第三道防线,利用化学农药控制有害生物种群数量的方法,也称为药剂防治。当果园中食心虫数量达到经济危害限阈或其他的方法不能有效的控制食心虫种群数量时,就必须采用药剂防治技术。由于食心虫蛀果危害为主,害虫一旦进入果内药剂就很难接触到虫体,防治相对较难,所以采取药剂防治食心虫时要充分做好虫情测报工作,结合食心虫的发生规律找出薄弱环节,选择合适的药剂和施药方法在适宜的时期科学合理施药。

虽然药剂防治在有害生物综合治理(IPM)中的地位并不高,但它的作用是重大的,因为目前完全依靠生物防治或农业防治来控制食心虫危害并不是十分有效和可靠的办法。虽然我们一直强调尽量不用药剂防治食心虫，但实际上在防治食心虫的关键时期，药剂防治是唯一有效地措施。因为药剂防治具有杀虫谱广、作用快、效果好、使用方便、不受地区和季节性限制、适于大面积及机械化使用等一系列优点。

76. 如何协调化学防治与其他防治措施？

病虫害的防治手段是多样化的，任何手段只要能有效地防治和控制病虫害的发生和危害都是可取的。利用生物防治，短期效果虽然不如使用化学农药快，但在有些害虫的防治上已可以达到较为满意的程度。更重要的是，由于减少了化学农药的使用，有利于保护自然界中大量存在的各种天然捕食或寄生性生物（有害昆虫的天敌），促进生态平衡的良性循环，其长期效果是极为显著的。利用自然因素预防害虫是很理想的一种措施。当然，还有其他措施，如植物检疫、选用抗性品种、改变耕作制度等，均可起到预防害虫的作用。综合防治可以控制害虫数量，使其不能造成危害，或即使造成损失也在经济允许水平之下。当某种害虫达到防治指标需要防治时，可综合考虑生物防治、农业防治或物理防治，如还未能解决问题时便采用化学防治。在使用化学农药时，要选择对害虫有效而对害虫天敌无杀伤或杀伤力小的、对环境较安全的农药。在使用高毒农药时，必须按照农药安全使用标准和规定，尽量避免伤害害虫天敌和污染环境，将副作用减少到最低限度。

在实际的生产过程中，要具体情况具体分析，具体采用哪种防治方法或者采用两种和多种方法都要结合具体的情况来进行。

77. 在食心虫防治中常用的化学药剂有哪些？

果园中倡导使用的杀虫剂主要包括植物源农药、动物源农药、微生物源农药、矿物源农药、昆虫生长调节剂及高效、低毒、低残留的化学药剂等，例如阿维菌素、白僵菌、灭幼脲、氯虫苯甲酰胺、苏云金芽孢杆菌、高效氯氰菊酯等菊酯类农药、马拉硫磷、乙酰甲胺磷等。地面防治可用毒死蜱、辛硫磷等。

需要指出的是，毒死蜱、敌敌畏、高效氟氯氰菊酯、抗蚜威、灭扫利、杀灭菊酯、氰戊菊酯、杀螟硫磷、乐果、高效氯氰菊酯等农药，由于此类药剂杀虫谱广、毒性较大，在使用过程中能大量杀伤天敌，破坏果园原有的生态平衡。因此，这些药剂要尽量少用，一年最好只使用 1 次。

78. 在食心虫防治中哪些化学药剂是不能使用的？

果园中禁止使用的药剂主要包括：有机磷类的甲拌磷、乙拌磷、水胺硫磷、久效磷、对硫磷、甲基对硫磷、氧化乐果、磷胺、甲胺磷；有机氯类的 DDT、三氯杀螨醇；氨基甲酸酯类的克百威、灭多威、涕灭威等。

此类药剂毒性强，残留大，对水源、土壤、大气、环境污染严重，并且部分品种具有致癌、致畸、致突变的慢性毒性，对人畜的健康造成严重的威胁。

79. 什么是农药助剂？

农药助剂是农药制剂和农药喷雾过程中使用的除有效成分以外的其他辅助物的总称，主要有配方助剂和喷雾助剂两大类。农药助剂一般没有生物活性，但是在剂型配方中或施药时是不可缺少的添加物。

每种农药助剂都有特定的功能：有的起稀释原药的作用；有的可帮助原药均匀地分散在制剂中；有的可防止粒滴凝聚变大；有的可增加粒子的湿润性、黏附性或渗透性；有的可防止有效成分的分解；有的可增加施药的安全性，防止农药喷雾雾滴的漂移等。总之，农药助剂的功能就是改善农药的物理或化学性能，最大限度地发挥药效或有助于安全施药。

80. 常见的农药助剂有哪些？它们有何作用？

常见的农药喷雾助剂主要有：有机硅类助剂、矿物油、酯化植物油和无机盐等。

（1）有机硅类助剂是 20 世纪 80 年代后期开始应用的一类表面活性剂类助剂。它们降低溶液表面张力的能力远远高于常规表面活性剂，能极大促进药剂扩散，甚至可使药剂通过气孔进入植物组织。有机硅助剂在降低农药用量，提高药剂耐雨水冲刷能力方面远优于常规表面活性剂。因此，从其问世以来受到极大关注，出现了许多品种，但由于价格较高，目前应用还不很普遍，一般通过桶混加入，使用量 0.01%～0.05%。

（2）矿物油作为喷雾助剂对农药的增效作用主要体现在以下几个方面：能提高药液的附着性和协助杀虫剂穿透植物表面的蜡质层，从而增加化学农药的防治效果；可增强对害虫表皮的渗透，保持化学农药喷到植物上后的稳定性，降低挥发和雾滴的漂移；能封闭害虫体表用以呼吸的气孔，使害虫窒息。

（3）酯化植物油比植物油活性高，能明显提高药剂的渗透性。在茎叶处理剂的制剂或喷雾药液中加入适当酯化植物油，将有利于药液的吸收、提高药液的效能、降低用量、减少环境污染及提高经济效益。另外，通过调节所连接醇碳链的结构，可以改变酯化油的 HLB 值及挥发性和渗透性，使其适应不同的药剂，因此有较好的灵活性。

（4）近 10 多年来，无机盐特别是含氮肥料作为助剂越来越普遍，特别是含 NH_4^+ 的盐应用最多，主要有硫酸铵、硝酸铵等。无机盐的主要功能是促进除草剂的吸收和解除 Ca^{2+}、Mg^{2+}、Fe^{3+} 等金属离子对除草剂的拮抗作用。

81. 使用喷雾助剂应该注意哪些问题？

使用喷雾助剂喷施农药时应注意以下问题：

(1)单位面积加水量要按标准加入,行走速度一致,喷头雾滴要均匀,不重喷或漏喷。

(2)对冠层密集的作物田实施喷雾,要用高压式或风送式的喷雾器具,以便雾滴穿过冠层。

(3)在温度高、风大的气候条件下,应避免喷雾雾滴过细,以防飘移污染,并注意临近地块种植的敏感作物。

(4)施用过农药的地块,尤其是施用过高毒性的杀虫剂的地块,应在明显处做好标记,以防人、畜进入施药环境中,造成中毒事故。

(5)施药前应仔细检查施药器具,防止药液的跑、冒、滴、漏现象。

82. 影响农药药效的因素有哪些?

农药药液的有效利用率主要受农药药液性质、靶标性质和施药器械方面影响。

(1)农药本身的因素:农药的化学成分、理化性质、作用机制、使用剂量以及加工性状都直接或间接地影响药效。要根据防治对象、作物种类和使用时期,选择合适的农药品种、剂型和使用剂量。

(2)防治对象的因素:不同病虫害的生活习性有差异,即使是同一种病害或害虫,由于所处的发育阶段不同,对不同农药或同类农药的反应也不一样,常表现为防治效果的差异。例如,盖草能对大多数禾本科杂草有效,对阔叶类杂草无效;久效磷对棉铃虫1龄、2龄幼虫效果好,但对3龄以后的幼虫效果较差。

(3)环境因素:温度、湿度、雨水、光照、风、土壤性质等环境因素,直接影响着病虫害的生理活动和农药性能的发挥,都会影响农药的药效。例如,除草剂乙草胺、氟乐灵、拉索、都尔同样的使用剂量,干旱时除草效果差,在适宜的土壤湿度条件下除草效果高;沙土地上使用,效果显著高于在有机质含量高的地内使用。辛硫磷见光易分解失效。因此,在使用农药前,必须掌握它的性能特点、防治对象的生物学特性;在施用过程中,充分利用一切有利因素,控制不利因素,以求达到最佳防治效果。

(4)施药器械的因素:果树树冠高大且枝叶繁茂,在病虫害的防治过程中施药器械的类型和施药方法选择不当,不仅达不到应有的防治效果,还会造成环境污染。因此,应根据当地的用药习惯、果树冠层、用药时期、用药环境等因素选择恰当的施药设备掌握正确的施药方法对果园中病虫害进行防治。

83. 果园中常用的喷雾设备和喷雾技术有哪些?

目前我国果园中最常用的施药方法是喷雾法,使用的喷雾器械主要包括喷雾器和喷雾机两大类。一般将人力驱动的植保机械称为喷雾器,动力驱动的植保机械称为喷雾机。喷雾器械的种类很多,根据他们的雾化原理和方式分为3大类:液力式雾化的喷雾器、气力式雾化的弥雾器、离心式雾化的超低容量喷雾机。按器械的携带方式可分为背负式、踏板式、担架式、自走式、手持式、车载式、推车式、肩挎式、悬挂式等多种类型。下面简单介绍几种我国常见的喷雾器械。

(1)液力式雾化的喷雾器。种类和型号最多,也是生产和销售最多的一类常规喷雾器,其中又以背负式喷雾器最多。在喷雾器市场中发生问题最多,对农民使用农药影响最大的也是这类喷雾器。据估计,背负式喷雾器占我国手动喷雾器市场的70%～80%。包括背负式喷雾器、压缩式喷雾器、单管喷雾器和踏板手压式喷雾器等。在我国果园中使用较多的喷雾器是踏板式喷雾器,它的雾化效果较好,比较适合规模较小的果园使用。

(2)气力式雾化的弥雾器。用压缩空气或高速气流使药液雾化的装置,有4类:机动弥雾器、手动吹雾器、电动吹雾机和燃气油雾机。所有这几类设备的共同特点是雾化细而且比较均匀,雾滴在空气中的悬浮和运动时间比较长,在作物上的穿透和沉积效率比较高。因此,都属于高功效和高效力的施药机具。

(3)离心式雾化的超低容量喷雾机。1972年超低容量喷雾机开始引入我国,曾经广为流行,并迅速在国内投产,产品种类也较多。其主要特点是雾化均匀,雾滴尺寸较小,施药量很小,每公顷只需5 L药液。因此只能采取漂移喷洒法，不能做针对性喷洒。该机具无风送装置，在使用时雾滴的运动方向取决于风向。

担架式园林喷雾机在我国果园中使用也较多，它的使用一般不受地形和果园条件的限制，射程可达 10 m，雾滴穿透性强，操作方便，效率较高。但它采用淋洗式的施药方法，实际沉积到果树上的药液量不足 20%，造成药液的大量浪费。大量的药液流失到环境中会对操作者的人身安全及生态环境造成严重的威胁。

84. 果园喷药中存在的问题有哪些？

(1)农药有效利用率低。在病虫害的化学防治中，农药的有效利用率过低一直是我国乃至国际上关注的问题和研究的课题。在果园中农药利用率低，80%以上的药液都会流失。大量的农药由于飘移、脱靶、蒸发、反弹滚落而流失并进入生态环境，也正是由于农药的有效利用率太低，导致防治效果较差、防效不理想，反过来又促使农民不断加大用药量，盲目增加用药次数。这不仅带来了严重的环境问题，而且会使农药残留超标严重，既影响我国农产品的贸易又影响人们的身体健康，也会增加劳动成本、影响农民的收入。

(2)药剂品种选择不当 。食心虫的药剂防治过程中，部分果农喜好选择广谱、高杀伤性的药剂，忽略了药剂对天敌的影响，这不仅会降低天敌的自然控制作用，还会增加食心虫再猖獗的几率。此外，部分果农对食心虫的发生规律及危害特点不了解，不能正确地选择杀虫杀卵剂，造成药剂的乱用、滥用现象普遍。

(3)施药技术不合理。果园中没有预测预报系统，部分果农对药剂的性质及正确使用知之甚少，导致施药的时间和剂量不合适，错过最佳的防治时期；喷药不仔细不均匀不周到，导致许多部位漏喷而不能着药；此外，我国目前的施药器械及施药技术相对落后，并且有些果农盲目地跟从他人施药，导致药剂的浪费现象严重，并对施药者的人身安全造成很大的威胁。

(4)盲目增加药剂使用剂量及次数。田间实际的施药过程中，许多果农不使用称量器而是靠经验或瓶盖估算，这样会增加药剂的使用量，加重环境污染及果品中药剂残留超标等，因食用残留超标的果品而引发的人身中毒事故也偶有发生。此外，我国果园中常常是哪种药剂好，就连续不断地使用，这样不但加速食心虫产生抗药性，而且还可能出现食心虫再猖獗或次要害虫取代食心虫成为主要害虫现象的发生。

随意加大浓度，近距离喷药，影响药液的均匀覆盖。有些农民朋友受不良喷药习惯的影响，遇到难以防治的病虫害时往往只增加用药量，不增加用水量，导致药液浓度加大，且药液量少而难以在果树上均匀周到喷洒，影响防治效果，甚至造成药害。还有一些果农在喷药时喷头与果树的距离太近，果树的叶片在高压的冲击下都翻了起来，这样容易击伤果面。

有些果农认为药喷得越多越好，喜欢把果树喷得枝叶滴水，以为这样才好，但适得其反。病虫不是靠药水冲洗下来的，而是靠内吸、触杀、熏蒸而杀灭的，水大易使植物气孔关闭，反而吸收少，流水多。这样的喷药方法容易使果萼洼处积沾过多药液，长期积存容易造成药害，影响果品质量；同时，浪费大、投资大、效果差。

(5)不能正确使用喷雾设备。手动喷雾器压力过小、机动喷雾器喷孔过大，雾化效果差，导致雾滴分布密度降低。手动喷雾器采取的是液力雾化方式，国内一些喷雾器生产企业，特别是一些小型生产企业因自身技术条件的限制，生产出的喷雾器压力达不到要求。果农在喷洒农药时往往因压力小而造成树冠、内膛喷不到、形成漏喷；机动喷雾器采取的是气力雾化方式，一些农民朋友为了节省时间，特别是一些提供有偿服务的人员为了提高喷药效率，往往有意把喷头垫片喷孔戳大，殊不知经过这么改造后效率是提高了，但是雾化效果降低了，必然影响防治效果。

85. 常见农药减量化应用的措施有哪些？

严格按照作物经济价值和病虫的发生特点制定指标，再依照规定的防治方案进行防治，病虫是否防治、用药量多少不能受经济因素的影响；要根据农作物病虫害发生情况用药、以预期的防治效果确定用药剂量；选用高效、低毒、低残留的农药品种，选用好的农药剂型，改大水量粗喷雾为低水量细喷雾，使用喷雾助剂，减少农药的用量。

（1）桃小食心虫。在越冬幼虫出土始盛期地面化学防治的基础上，当卵果率达到0.5%～1%时，用20%高氯·马拉乳油1 000～1 500倍液、或20%高氯·辛乳油1 000～15 00倍液、或35%氯虫苯甲酰胺水分散粒剂7 000～10 000倍液静电喷雾（药液量比常规喷雾减少1/3～2/3）。或者在上述农药中添加Silwet 408、或Silwet 618助剂，药液量比常规用量减少1/3快速喷雾防治。

（2）梨小食心虫。

①迷向丝＋药剂：在放置梨小食心虫迷向丝（30～33个/667 m^2）的基础上，选用35%氯虫苯甲酰胺水分散粒剂8 000倍液、或2.5%高效氯氟氰菊酯微乳剂1 000～2 000倍液、或2%阿维菌素微乳剂3 000倍液等进行1～2次药剂防治。

②药剂＋功能性助剂：上述农药添加Silwet 408、或Silwet 618助剂，药液量比常规用量减少1/3快速喷雾防治。

③静电喷雾：使用高压静电喷雾器，喷雾防治用药量比常规用量减少1/3。

86. 什么是精准施药技术？

“精准施药”的核心是在认定田间病虫草害相关因子

差异性的基础上，充分获取农田小区病虫草害存在的空间和时间差异性信息，采取技术上可行、经济上有效的施药方案，准确地在每一个小区上喷洒农药，使其药液在作物叶片上形成最佳沉积，提高农药有效利用率、减轻环境污染、保持农业可持续发展。精准施药的目标不仅是提高产量，而且要通过农药投入的合理分配，减少浪费，最大限度地提高农药的利用率，降低成本，提高效益；同时降低作物产品中有毒物质的残留量，提高品质，减少因农药滥用而造成的环境污染。

87. 精准施药技术有哪些新技术？

（1）GPS 定位将成未来主流。随着 GPS 技术的快速发展，低成本及操作简便的 GPS 可以为精准施药装备作业导航提供准确的地理位置坐标。这样，采样人员在田间行走时，就能够实时地记录地块中不同位置的杂草、病虫害分布情况，然后用 GIS 软件对得到的病虫草害分布进行插值分析，得到病虫草害在地块中的分布图，利用该分布图确定化学农药的喷洒处方图，最后依据喷洒处方图来实现化学农药的变量喷洒。该技术的核心就是喷雾机在全球定位系统的支持下根据数据地图进行防治作业。有病虫草害的地方喷药，没有病虫草害的地方关闭喷头，达到了精准施药的效果。

（2）静电喷雾成精准施药关键。静电喷雾技术能够大大减少雾滴的无效飘移，增强穿透和沉积效果。据试验数据显示，与常规喷雾相比，静电喷雾的雾滴飘移明显减少，减少量达到34％，雾滴沉积量几乎是原来的2倍。该技术的核心是应用高压静电在喷头与目标间建立静电场，当药液流经喷头雾化后通过相应的充电方法（电晕充电、感应充电、接触充电）被充以电荷形成群体荷电雾滴，然后在静电场力和其他外力作用下，雾滴做定向运动而吸附在目标上。它具有雾滴尺寸均匀、沉积性能好、飘移损失小、雾群分布均匀，尤其是在植物叶片背面也能附着雾滴等优点。

（3）自动对靶喷雾将成可能。随着图形图像处理与3S技术的发展，自动对靶喷雾已经成为了可能。自动对靶施药就是施药机械能够根据靶标的有无和靶标特征的变化有选择性地对靶施药。用CCD摄像头或红外传感器来判别作业区域中的作物，当监测到目标作物时，立即把电信号发送给控制器，控制器立即作出是否需要喷洒的决定，然后通过喷头来执行变量喷洒，达到对靶喷药的目的。试验表明，对靶喷药能够有效地提高农药在作物上的附着率，明显地减少农药在非靶标区域的沉降，获得了较好的施药效果，能够降低生产成本和减少农药对环境的污染。

（4）减量化使用技术将得到广泛重视。化学农药减量化防治技术的建立不仅仅局限于施药器械的改善，还需考虑以下几个方面：①从靶标和农药药液的角度，通过对目标作物叶面表面性质的深入了解，并基于叶面性质来提高制剂的加工水平；②混助剂的研究与推广；③对不同地区、不同生长期作物的喷雾条件的优化。通过这些技术的综合应用来提高农药有效利用率，提高防治效果，减少由于飘移、脱靶、蒸发、反弹滚落而流失并进入生态环境的农药量，是从源头上控制环境污染、保障食品安全和保持良好生态环境的关键。

88. 提高果园喷药效果的措施有哪些?

(1)改变喷药习惯，提高喷药质量。要根据果树大小、叶片多少，合理控制用水量，喷药要均匀周到，从上到下，由内到外，叶片正背面都要喷到药液，不能漏喷，也不能重喷，以叶片充分湿润又不会形成流动水滴为好，做到枝枝不漏、叶叶着药、不流不淌。

(2)改进喷药设备，提高雾化效果。一是尽量少用手动喷雾器，手动喷雾器不但劳动强度大，喷药速度慢效率低，而且压力小、雾化效果差。二是更换现在使用的喷枪，把只有一个喷孔的喷枪换成有 2～3 个喷孔的喷头，这样雾化效果好，喷药均匀，对果面没有伤害。

(3)掌握喷药技巧，提高喷药技术。喷药时喷雾器的压力要正常均衡，压力过小，雾化效果差；距离太近，容易刺伤果面。农民朋友必须清楚，喷药时高压药液在通过喷孔后，要经过 40 mm 以上的距离才能完全雾化，所以在喷药时喷头与作物的距离必须保持在 50 mm 左右。雾锥角度越大，雾滴越细；反之，雾锥角度越小，雾滴越粗。要记住，喷雾器的压力大小、喷头的角度以及与作物的距离等，直接关系到药液喷洒均匀性和覆盖程度的好坏。

89. 化学药剂的安全使用措施是什么?

(1)配药时,配药人员要戴胶皮手套,必须用量具按照规定的剂量称取药液或药粉,不得任意增加用量,严禁用手拌药。

(2)配药应选择远离饮用水源、居民点的安全地方,要有专人看管,严防农药丢失或被人、畜、家禽误食。

(3)大风和中午高温时应停止喷药。药桶内药液不能装得过满,以免晃出桶外,污染施药人员的身体。

(4)喷药前应仔细检查药械的开关、接头、喷头等处螺丝是否拧紧,药桶有无渗漏,以免漏药污染。喷药过程中如发生堵塞时,应先用清水冲洗后再排除故障。绝对禁止用嘴吹吸喷头和滤网。

(5)施用过高毒农药的地方要竖立标志,在一定时间内禁止放牧、割草、挖野菜,以防人、畜中毒。

(6)用药工作结束后,要及时将喷雾器清洗干净。清洗药械的污水应选择安全地点妥善处理,不准随地泼洒,防止污染饮用水源和养鱼池塘。盛过农药的包装物品,不准用于盛粮食、油、酒、水等食品和饲料。装过农药的空箱、瓶、袋等要集中处理。

(7)备好解毒用药,例如阿托品或解磷定可解有机磷中毒。

90. 药害是如何发生的?

(1)农药方面的因素。

①农药使用不当造成药害。药害的发生与农药使用不当,即不合理使用、施药控制不严、剂量不准、误将不同药剂相互混杂,甚至滥用、错用或者误用了除草剂有很大关系。这也是当前发生药害最常见的原因。

②超范围使用农药造成药害。有的农药经销商本身素质相对较低,缺乏对地情、苗情、草情及农药药理作用的了解,不严格按农药包装标签上"适用作物"(登记作物)要求向农民推荐,而是超范围推荐用药或者超量用药,误认为浓度高防治效果好,误售误用,结果造成药害。

③使用的农药质量差、杂质多及农药过期或假冒伪劣造成药害。使用劣质农药、假农药是引起农药药害的重要因素之一。

(2)作物及环境方面的因素。

①在作物的敏感阶段使用农药造成药害。作物的不同生育阶段对药剂的抵抗能力不同,一般种子耐药力最强,多数作物苗期、花期和细嫩组织部位比较敏感,耐药力差,易发生药害。禾本科作物孕穗期对药剂比较敏感,分蘖期至孕穗前对药剂敏感性低。

②药害的发生与温度、湿度和土壤等不良环境条件密切相关。气温高、湿度大、日照强时,易发生药害。例如石硫合剂在 32℃以上高温天气使用时极易发生药害,也有少数药剂在低温情况下使用易发生药害。

91. 如何减少果树的药害?

农药对植物的损害分为急性和慢性两种。急性药害在喷药几小时至数日内即表现出来,如叶片(果实)出现斑点、黄化、失绿、枯萎、卷叶、落叶落果、缩节簇生等。慢性药害得经过较长时间才会表现出来,如光合作用减弱、花芽形成及果实成熟延迟、个小、畸形、风味色泽恶化等。一旦发现果树遭受药害,应立即采取以下措施解救。

(1)灌水喷水:如发现早,应立即喷水冲洗受害植株,以稀释和洗掉黏附于叶面和枝干上的农药,降低树体内的农药含量。此项措施越早越及时,效果越好。

(2)喷药中和:如药害造成叶片白化时,可用粒状的50%腐殖酸钠配成3 000倍液进行叶面喷雾;或用同样方法将50%腐殖酸钠配成5 000倍液进行灌溉,3～5天后叶片会逐渐转绿。如因波尔多液中的硫酸铜离子产生药害,可喷0.5%～1%的石灰水溶液来消除药害;如因石硫合剂产生药害,水洗的基础上,再喷洒400～500倍的米醋溶液,可减轻药害;若错用或过量使用有机磷、菊酯类、氨基甲酯类等农药造成药害,可喷洒0.5%～1%的石灰水、洗衣粉液、肥皂水、洗洁净水等,尤以喷洒碳酸氢铵碱性化肥溶液为佳,不仅有解毒作用,而且可以起到根外追肥促进生长发育的效果。

(3)及时追肥:果树遭受药害后,生长受阻,长势衰弱,必须及时追肥(氮、磷、钾等化肥或稀薄人粪尿),以促使受害果树尽快恢复长势。如药害为酸性农药造成,可撒施一些草木灰、生石灰等。对碱性农药引起的药害,可追施硫酸铵等酸性化肥。无论何种药害，叶面喷施 0.3%的尿素溶液加 0.2%磷酸二氢钾混合液，每隔 15～17 天喷 1 次，连喷 2～3 次，均可减轻药害。

(4)注射清水：在防治天牛、吉丁虫、木蠹蛾等蛀干害虫时，因用药浓度过高而引起的药害，要立即自树干上虫孔处向树体注入大量清水，并使其向外流水，以稀释农药。如为酸性农药药害，在所注水液中加入适量的生石灰，可加速农药的分解。

(5)中耕松土：果树受害后，要及时对园地进行中耕松土(深度 10～15 cm)，并对根干进行人工培土，适当增施磷、钾肥，以改善土壤的通透性，促使根系发育，增强果树自身的恢复能力。

(6)适量修剪：果树受到药害后，要及时适量地进行修剪，剪除枯枝，摘除枯叶，防止枯死部分蔓延或受病菌侵染而引起病害。

92. 什么叫农药的"安全间隔期"？

果园用农药安全间隔期是指最后一次施药到果实采收的间隔天数。确定安全间隔期是为了减轻农药对果实的污染，保护果农和消费者的安全。

在农业生产中，最后一次喷药与收获之间的时间必须大于安全间隔期，不允许在安全间隔期内收获作物。

93. 果园常用防治食心虫农药的安全间隔期是多少？

食心虫防治常用农药的安全间隔期见下表。

食心虫防治常用农药的安全间隔期

农药名称	安全间隔期/天	农药名称	安全间隔期/天
阿维菌素	20	吡虫啉	20
灭幼脲	20	辛硫磷	10
毒死蜱	15	甲氰菊酯	5～7
辛硫磷	5	倍硫磷	14
马拉硫磷	7	杀螟硫磷	10～15
三唑磷	14	乙酰甲胺磷	9
烟碱	7～10	敌百虫	3～5
高效氟氯氰菊酯（功夫）、高效氯氰菊酯、氰戊菊酯、溴氰菊酯	14	联苯菊酯	7

94. 桃小食心虫的化学防治措施是什么？

（1）地面防治。5 月中下旬至 6 月中下旬雨后，在越冬幼虫出土期，幼虫暴露在地面上，地面喷 40％辛硫磷乳油 1 000 倍液或 50％二嗪磷乳油 450 倍液，发生严重的果园，10～15 天再施 1 次。也可使用 50％二嗪磷乳油 1 500 倍液或 25％辛硫磷微胶囊 300～700 倍液，或 5％辛硫磷颗粒剂 5～6 kg / 667 m^2，也可使用辛硫磷 1～1.5 kg / 667 m^2，或 40％乐斯本乳油等制成毒土，施药后清除一下。

（2）树上喷药。6 月下旬至 7 月中旬，根据虫情测报及时喷药，在羽化高峰后的 5～10 天内，用 1.8％阿维菌素乳油 2 000～3 000 倍液、或用 25％灭幼脲悬浮剂 1 000～1 500倍液、或 480 g/L 毒死蜱乳油 2 000～3 000 倍液、或 35％氯虫苯甲酰胺水分散粒剂 8 000～10 000 倍液、或用 2.5％高效氯氰菊酯水乳剂 2 000 倍液或 30％氰戊·马拉松乳油 2 000 倍液对树体喷药。特别要注意果实的萼洼处必须喷药。

95. 梨小食心虫的化学防治措施是什么?

4 月下旬至 5 月上旬防治第 1 代幼虫。于 6 月下旬进行第 2 次防治。7 月下旬进行第 3 次防治。8 月底进行第 4 次化学防治。第 1、2 次防治重点针对周边桃园、杏园,减低虫口基数。幼虫孵化盛期和成虫高峰期,及时选用高效、低毒、低残留的杀虫剂,如用 25% 灭幼脲悬浮剂 2 000～3 000倍液喷雾防治;产卵高峰期选用 20%氰戊菊酯乳油 1 000～1 500 倍液、或用 2.5%高效氯氰菊酯乳油 1 500 倍液、或用 2.5%溴氰菊酯乳油 1 000 倍液进行叶面喷雾。

96. 梨大食心虫的化学防治措施是什么?

虫情预报为了掌握喷药防治的准确时间,须提早进行越冬幼虫出蛰测报。即在果园选择有代表性地段,从主栽梨品种中选 2～5 株,每株树上选定标记 50～100 个虫芽,自花芽膨大前开始,每天上午 10:00～11:00 时观察并记载虫芽上幼虫出蛰情况,当出蛰数为 3%～5%时,气温明显转暖,应立即通报进行树上喷药。

出蛰期药剂防治:梨大食心虫出蛰转芽、转果、羽化、卵期、孵化期为虫体暴露期,出蛰期时间较集中,喷药防治效果都好,而其他几个时期都不集中,需连续多次喷药,且在天敌发生期,易伤天敌。所用药剂为:50%杀螟松乳油

1 000 倍液,或 80% DDV 乳油 1 000 倍液,或 2.5%溴氰菊酯乳油 3 000 倍液,或 20%杀灭菊酯乳油 3 000 倍液或 48%乐斯本乳油 1 500 倍液等。喷药要求在出蛰始期进行,力求枝芽全面着药,以便杀死尚在芽内的幼虫。一般在出蛰期较集中的地区,如吉林、辽宁、河北北部,喷 1 次药即可,在出蛰转芽不集中且发生重的地区可连续喷药 2 次,第 2 次应在 7 天后左右。

花芽开绽期药剂防治:一般出蛰转芽期若不及时防治,转芽后则无防效。但据观察,梨大食心虫幼虫转移蛀入后,该芽继续生长,至开绽后不久,从花芽顶端可清楚地看到小小的花蕾,此时,梨大食心虫尚未蛀入果台内,正在鳞片下果苔外边啃食,是喷药杀虫之良机,药液可沿花蕾间的缝隙流到幼虫蛀食处,将其杀死。喷药应分品种进行,且要求对着花芽扣着喷药(从花芽顶端往下喷)。药剂同上。

97. 李小食心虫的化学防治措施是什么?

(1)地面用药,春天在李树落花前,用 50%辛硫磷乳油 1 500～2 000 倍液地面喷施,不能留死角,防止成虫羽化飞出产卵。

(2)树干涂药,5 月中旬,在距地面 30～50 cm 处刮去树干 5 cm 宽的一圈老皮,用 10%吡虫啉 100 倍液涂环,用纸包扎好后再用药液将纸涂湿,最后用塑料布包好。药剂随树液上行, 可毒杀啃食果皮、果肉的幼虫。

(3)6 月中旬应抓住此期成虫分布空间小、虫口密度大且幼虫体内营养水平低、耐药性差的最佳防治期进行防治，可用 20%的速灭杀丁 6 000 倍液，35%杀虫磷乳油 1 000 倍液，20%的菊马乳油 4 000 倍液或 10%吡虫啉可湿性粉剂 1 000 倍液喷施；或用 4.5%高效氯氰菊酯乳油 2 500 ～ 3 000 倍液喷雾防治。每隔 1 周喷 1 次，连续喷布 2～3 次，对成虫、幼虫均有效。

98. 白小食心虫的化学防治措施是什么？

(1)5—6 月份是越冬代成虫羽化的时机，此时可以地面或树干喷药，毒杀白小食心虫。

(2)生长季防治。第 1 代卵发生期为 6 月上旬至 7 月上旬，适期进行喷药。常用药剂有 50%辛硫磷乳油 1 000 倍液、90%敌百虫 800 倍液或 2.5%溴氰菊酯乳油 2 000 倍液等。如果第 2 代卵量大，要在有蛀果时立即喷药，15 天后再喷 1 次。

99. 苹小食心虫的化学防治措施是什么？

5 月中旬，用 20%的杀灭菊酯乳油等菊酯类农药 2 000～3 000 倍液喷施果树及虫卵附着物，重点喷施树枝顶端产卵较多处；5 月下旬用 50%的敌敌畏 1 500 倍液喷施，消灭虫源。在 6 月份第 1 代幼虫期和 7—8 月份第 2 代生育期用速杀灭丁、敌杀死等化学药剂喷施防治。

100. 桃蛀螟的化学防治措施是什么？

5 月上旬注意成虫发生和桃树物候期指导防治，即桃果红尖时开始喷药，敌敌畏 1 000 倍或绿晶 1 000～1 500 倍。栗园幼虫孵化初期，8 月上旬至下旬，采用氯氰菊酯 1 000倍液，25％灭幼脲 3 号悬浮剂、50％杀螟松乳油1 000 倍液，进行树冠喷雾。7 天喷 1 次，连喷 3 次，其杀虫效果均在 92％以上，防治效果明显。

参考文献

1. 曹庆昌,曹均,张国珍,等. 板栗桃蛀螟有机防治技术研究. 安徽农业科学,2010,38(1):221-223

2. 陈江玉,于利国,李海山,等.梨园梨小食心虫的发生规律及其防治技术研究.河北农业科学,2011,15(5):44-47

3. 党亚梅,张春玲,张敏,等. 苹小食心虫发生规律与综合防治技术.西北园艺, 2009,04:22-23

4. 范保银,王小奇,刘薇薇,等. 桃小食心虫经济阈值的研究.植物保护,2011, 37(4):91-94

5. 郝宝锋,许长新,贺丽敏,等. 冀东地区梨小食心虫发生规律研究. 河北农业科学, 2011:15(3):30-32,38

6. 郝宝锋,于丽辰,许长新,等.桃园食心虫种类及其发生规律研究.河北农业科学,2010,14(9):72-73

7. 胡增丽,李海芳.桃园梨小食心虫发生规律研究初报.山西农业科学,2010,38(6):46-47

8. 李定旭.桃小食心虫地面防治技术的研究.植物保护, 2002(03):18-20

9. 李定旭,朱艳婷,李文亮,等.豫西地区桃小食心虫发生规律研究,华中昆虫研究.2010(6):82-88

10. 李和帮. 桃蛀螟生物学特性及综合防治技术研究. 陕西林业科技,2010(2):46-47

11. 李喜峰,李秋丽,张宇. 沈阳市东部山区梨园桃小食心虫的发生及无公害防治技术. 现代农业科技,2012(10):175

12. 李长利,苑克凡,孙凤润. 三种果树食心虫特性及防治. 吉林农业,2010(7):53

13. 栗永青,黄鑫秋,刘秀平,等. 果园桃蛀螟与桃小食心虫的无公害防治技术. 果树,2011(6):228-229

14. 凌飞,王鹏,许永玉,等. 山东肥城单植桃园食心虫发生与危害规律. 山西农业大学学报,2010,30(4):320-324

15. 刘万达,赵伟. 桃小食心虫的发生与防治. 北方园艺,2011(07):135-136

16. 邱强. 中国果树病虫原色图鉴. 郑州:河南科学技术出版社,2004

17. 屈振刚,刘文旭,路子云,等. 河北省梨小食心虫田间种群动态调查. 河北农业科学,2010,14(8):141-142,145

18. 王洪平. 梨树重要害虫——梨大食心虫. 农药,2001,40(2):48-49

19. 湛有光. 果树病虫害防治50问. 西北园艺,1998(4):30-31

20. 张箭,徐洁.梨小食心虫等蛀果害虫地域分布及鉴定.植物保护,2000,26(6):40-41

21. 张承胤,梁泊,唐欣甫,等. 北京地区桃园桃蛀螟的发生规律与综合防治.中国果树,2009(5):63-64

22. 中国农业科学院果树研究所,等.中国果树病虫志.2版.北京:中国农业出版社,1994

附 录

附录 1 食心虫卵识别特征比较

食心虫种类	形状特征	表面特征	初产卵的颜色	近孵化时卵的颜色
桃小食心虫	竖椭圆形或桶形	卵壳表面密生刻纹，顶端环生 2～3 圈“Y”刺毛	橙色	橙黄至黄褐色，卵顶端呈现黑色
梨小食心虫	扁椭圆形，体长 0.6 mm 左右	半透明，中部隆起	乳白色	淡黄白至棕黄色
苹小食心虫	卵扁椭圆形	中央隆起，周缘扁平，表面间或有明显而不规则的细皱纹	乳白色	变淡黄色，半透明，有光泽，近孵化时为淡黄褐色
梨大食心虫	椭圆形，长约 1 mm	稍扁平	淡黄白色	红色
桃蛀螟	椭圆形稍扁，长 0.6 mm，宽 0.4 mm	表面粗糙布细微圆点	乳白	橘黄、红褐色
苹果蠹蛾	卵圆形，长 1.1～1.2 mm，宽 0.9～1.0 mm	极扁平，中央部分略隆起	像一极薄的蜡滴，半透明	随着胚胎发育中央部分呈黄色，并显出 1 圈断续的红色斑点，后则连成整圈，孵化前能透见幼虫
白小食心虫	扁椭圆形，长约 0.5 mm	中部稍隆起，表面有细皱纹	淡黄白色	淡红色
李小食心虫	扁椭圆形，长径 0.6～0.72 mm		乳白色，半透明	淡黄色

附录 2　食心虫危害特征比较

食心虫种类	蛀果特征	果实被害后特征	果内危害特征
桃小食心虫	幼虫蛀果后，不久果孔处流出泪珠状的胶质点	留下一小片白色蜡质膜，果面上显出凹陷的潜疤；果实幼小时被钻蛀，长大后凸凹不平成“猴头果”	果内有粪便造成所谓的“豆沙馅”
梨小食心虫	幼虫蛀入果心，取食果肉和种子	蛀孔处形成黑疤，疤上仅有一小孔	果内有大量虫粪，蛀孔外有虫粪则被害果内无虫粪
苹小食心虫	幼虫一般不蛀入果心，常在果皮下浅处取食	害果蛀处形成褐色的干疤，疤上常有数个小孔和少许虫粪不易脱落	果内常有蛹壳
梨大食心虫	幼虫危害时，蛀孔处有虫粪堆积	幼果逐渐干枯变黑，果柄基部有大量缠丝使被害果	幼果被害时，蛀孔处有虫粪堆积
苹果蠹蛾	幼虫多从果实胴部入侵，幼虫蛀果直达果心，很少纵横穿食果肉	果面留有伤疤，蛀果孔外有碎屑和褐色虫粪，并以丝连缀成串，悬挂在蛀果孔下	
桃蛀螟	幼虫蛀食桃果，由蛀孔分泌黄褐色透明胶液	果实变色脱落	果内充满虫粪
白小食心虫	幼虫蛀入果核附近，取食近核处果肉	果蛀孔处流出泪珠状果胶	蛀孔外有被丝缀连的虫粪，被害果内无虫粪
李小食心虫	幼虫不蛀入果心，只在果皮下局部取食		被害果萼洼处有虫粪，粪中常有蛹壳

附录 3　食心虫幼虫识别特征比较

食心虫种类	形状特征	颜色特征	头部颜色特征	前胸颜色特征	腹部特征	臀板颜色特征	足部特征
桃小食心虫	老熟幼虫体长 13～16 mm	橙红色或桃红色，越冬后出土幼虫体色为橙黄色	黄褐色	前胸背板均褐色	腹部背面每节无桃红色横纹，腹部末端无臀栉，第 8 腹节的气门较其他各节的更靠近背中线	褐色	腹足趾钩单序环形
梨小食心虫	老熟幼虫体长 10～13 mm	粉红色	黄褐色	前胸背板浅黄白色或黄褐色	腹部末端具臀栉 4～7 刺，臀栉 5～7 齿	浅黄褐色或粉红色，上有深褐色斑点	腹足趾钩细长且为单序
苹小食心虫	老熟幼虫体长 6.5～9.0 mm	全体非骨化区淡黄或淡红色	淡黄褐色	前胸盾淡黄褐色	腹部背面各体节背面有两条桃红色横纹，前面一条粗大，后面一条细小	淡褐色，具不规则的深色斑纹，臀彬深褐色 4～6 齿	腹足趾钩单序环 15～34 不等，大多 25 个左右，臀足趾钩10～29 个，多为15～20 个
梨大食心虫	越冬幼虫体长约 3 mm，老熟幼虫体长 17～20 mm	越冬幼虫胴部紫褐色，老熟幼虫暗红褐色微绿，腹面色较浅	黑色；最后一对气门大	前胸盾均为黑色	腹部末端无臀栉	臀板及胴部第 12 节背面斑纹均为黑色	胸足为黑色

续附录 3

食心虫种类	形状特征	颜色特征	头部颜色特征	前胸颜色特征	腹部特征	臀板颜色特征	足部特征
桃蛀螟	幼虫体长22 mm	体色多变，有淡褐、浅灰、浅灰兰、暗红等色，腹面多为淡绿色	暗褐各体节毛片明显，灰褐至黑褐色，背面的毛片较大	前胸盾片褐色	第1～8腹节气门以上各具6个毛片，成2横列，前排4个圆形，后排2个扁圆形	灰褐色	腹足趾钩不规则的3序环
苹果蠹蛾	成熟幼虫14～18 mm	初龄幼虫体多为淡黄白色，成熟幼虫多为淡红色，背面色深，腹面色浅	头部黄褐色	前胸盾片淡黄色，并有褐色斑点		有淡褐色斑点	
白小食心虫	体长10～13 mm	红褐或淡紫褐色	头黄褐色	胸背板黑褐色	腹末具深褐色臀栉6～7根，腹背毛片大	黑褐色	臀足趾钩为20～30个，双序缺环
李小食心虫	老熟体长约12 mm，头宽约0.9 mm	玫瑰红或桃红色，腹面体色较浅	头部黄褐色	前胸背板浅黄或黄褐色		淡黄褐或玫瑰红色，上有20多个深褐色小斑点	腹足趾钩粗短，为不规则双序

附录 4 食心虫蛹识别特征比较

食心虫种类	形状特征	颜色特征	复眼颜色	腹部背面特征	腹部末端特征
桃小食心虫	体长 6.5～8.6 mm，体壁光滑无刺	黄白色，近羽化时呈淡灰黑色	红色乃至红褐色		
梨小食心虫	体长 6～7 mm，纺锤形	黄褐色	黑色	第 3～7 腹节背面有 2 行刺突；第 8～10 腹节各有一行较大的刺突	有 8 根钩刺
苹小食心虫	体长 4.5～5.6 mm，茧为长椭圆形，灰白色	黄褐色或黄色		第 1 腹节背面无刺，第 2～7 腹节背面前缘和后缘各有成列小刺，第 3～7 腹节前缘的小刺成片，第 8～10 腹节只有一列较大的刺	腹末具 8 根钩状刺毛
梨大食心虫	体长 10～14 mm	黄褐至黑褐色			腹末有 6 根弯曲的钩刺形成一横列
桃蛀螟	体长 13 mm	褐色或淡褐色		蛹的腹部背面第 3～7 节近前排有一排小刺	腹末端呈笔头形突起，在其端部生有 4～5 根弯曲的臀刺

续附录 4

食心虫种类	形状特征	颜色特征	复眼颜色	腹部背面特征	腹部末端特征
苹果蠹蛾	体长 7～10 mm	黄褐色	黑色	第 1 腹节背面无刺；腹节 2～7 背面的前后缘各有 1 排刺，前面一排较粗，大小一致，后面一排细小；腹节 8～10 背面仅有 1 排，第 10 腹节上的刺仅为 7～8 根	肛孔两侧各有 2 根钩状毛，加上末端有 6 根（腹面 4 根，背面 2 根）共为 10 根
白小食心虫	体长 7 mm，茧长椭圆形	黄褐色		第 3～7 节背面各有两排短刺	腹末有 8 根钩刺和短刚毛数根
李小食心虫	体长 6～7 mm，纺锤形	初为淡黄褐色，后变褐色			

附录 5 食心虫成虫识别特征比较

食心虫种类	形态特征	颜色特征	头部特征	翅展特征	翅的颜色特征	前翅特征
桃小食心虫	雌虫体长 7～8 mm，雄虫体稍小，体长5～6 mm	灰白色或灰褐色		雌虫翅展16～18 mm，雄虫翅展 13～15 mm	后翅灰色，缘毛长，浅灰色	前翅近前缘处中部有一蓝黑色近三角形大斑，其基部及中央部分具 7 簇黄褐色或蓝褐色的斜立鳞片
梨小食心虫	体长 6.0～7.0 mm	灰褐色，无光泽	头部具有灰色鳞片；触角丝状，下唇须灰褐色向上翘	翅展 13～14 mm	前翅灰褐色，无紫色光泽	前翅混杂白色鳞片。中室外缘附近有一个白斑点是本种显著特征。前翅前缘约有 10 组白色钩状纹，近外缘有 10 个小黑点，前翅外缘不很倾斜。静止时两翅合拢，两外缘构成钝角
苹小食心虫	体长 4.5～5.0 mm	暗褐色，有紫色光泽，腹部和足浅灰褐色	头部鳞片灰色，触角背面暗褐色，每节端部白色；唇须灰色，略向上翘	翅展 10～11 mm	后翅比前翅色浅，缘毛灰褐色	前翅前缘具有 7～9 组大小不等的白色钩状纹，翅面上有许多白色鳞片形成白色斑点，近外缘处的白色斑点排列整齐。外缘显著斜走，静止时两前翅合拢后外缘所呈之角约 90°或小于 90°

续附录 5

食心虫种类	形态特征	颜色特征	头部特征	翅展特征	翅的颜色特征	前翅特征
梨大食心虫	体长 10～12 mm	腹部淡灰褐色		翅展 22～26 mm	初羽化为暗紫，后变为暗灰或暗紫褐色，前翅具紫色光泽。后翅灰褐色，缘毛暗褐色	翅上有 2 条灰白色弯曲横线，外横线内侧及内横线外侧均有紫褐色宽边。翅中央近中室上方有一肾形白纹，外围黑边
桃蛀螟	体长 12 mm	黄至橙黄色，体表面具许多黑斑点似豹纹		翅展 22～25 mm	翅表面具许多黑斑点似豹纹：前翅 25～28 个，后翅 15～16 个	
苹果蠹蛾	体长 8 mm	灰褐色		翅展 15～22 mm	翅中部颜色最浅，淡褐色，也杂有褐色斜形的波状纹	前翅臀角处有深褐色椭圆形大斑，内有 3 条青铜色条纹，其间显出 4～5 条褐色横纹；翅基部外缘突出略呈三角形，杂有较深的斜形波状纹

续附录 5

食心虫种类	形态特征	颜色特征	头部特征	翅展特征	翅的颜色特征	前翅特征
白小食心虫	体长约6.5 mm	全体灰白，腹背灰褐色	复眼黑褐色，触角丝状淡黄褐色	翅展约 15 mm	前翅灰白色，后翅灰褐色	外缘部灰褐色并有 4～5 条黑褐色短纹成横列，前缘有 8 组白色斜纹不太清晰，近外缘臀角处有一较大的暗紫褐色斑纹，前翅中部有一横“S”形白纹，近基部有一白色横纹，近中室端部有一近“U”字形褐色纹
李小食心虫	体长 4.5～7.0 mm	体背面灰褐色	头部鳞片灰黄色，复眼褐色，唇须背面灰白色，其余部分灰褐色而杂有许多白点，向上举	翅展 11～14 mm	前翅长方形，烟灰色，没有明显斑纹，后翅梯形，淡烟灰色	前缘有 18 组不很明显的白色钩状纹

附录 6　食心虫生活习性比较

食心虫种类	越冬场所	产卵场所	成虫活动	成虫趋性	幼虫取食习性
桃小食心虫	果园外包括堆果场、包装场、酿酒场、仓库；平地果园：集中于树盘内(距主干 1 m 以内就地入土)；山地果园：除树盘内之外，行间、田埂、梯田壁也有	产卵有明显的选择性：在田间早中晚熟品种同时存在时，多选择中熟品种产卵，如金冠、新红星等；产卵部位主要产卵于果实，并选择凹陷、背阴、多毛的部位如萼洼、梗洼处产卵，但在枣上，也可产卵于叶柄、果柄和枣吊上	白天潜伏于阴暗的叶背或草丛中，日落后开始活动，子夜时最活泼	对糖醋酒液无趋性，对异性趋性强；对普通黑光灯无趋性，对绿光有趋性	蛀果前幼虫在果面爬行一段时间，蛀果时咬而不吃；入大果后，幼虫直入果心，取食种子后再食果肉；蛀入小果后，虫道纵横弯曲，最终到达并取食果心
梨小食心虫	老熟幼虫以在枝、干、根、茎、粗皮裂缝里越冬为主，也可在树下落叶、杂草、土里结茧越冬，翌年春天化蛹羽化出成虫	第 1、2 代卵产在桃树嫩梢第 3～7 片叶的背面，喜在叶脉处；第 3、4 代卵产在果面上，尤其以两果靠拢处为最多；在梨树上以中晚熟品种着卵量大。有的年份温度较低，叶片尚未成形，卵也可产在新梢的枝条上	黄昏后出来活动，成虫于黄昏前后婚飞呈波浪形	对 0.12% 的氨制八角茴香素有强烈的趋性，对糖醋酒液趋性明显。有强烈的趋光性，尤其是对短波光有趋性。对性激素有强烈的趋性	幼虫在果实、新梢上蛀食为害。幼虫多在梗、萼洼处蛀入，蛀孔细小。幼虫蛀入嫩梢后向下蛀食，当蛀到嫩梢硬化部分时就转移为害他梢

续附录 6

食心虫种类	越冬场所	产卵场所	成虫活动	成虫趋性	幼虫取食习性
苹小食心虫	在树皮缝隙、吊枝绳、剪锯口、果筐、果箱、孔穴等隐蔽处结薄茧越冬	成虫喜将卵散产在光滑的果面上，大多卵均落在果实的胴部，萼洼、梗洼处卵很少	昼伏夜出，黄昏活动较盛	对苹果醋、糖蜜、糖醋液、茴香油和黄樟油均有趋性，但趋光性不强	幼虫在果面卵壳附近爬行20 min左右后，咬破并蚕食果皮，约近1小时后，开始在适当的部位蛀入果内
梨大食心虫	被害芽内结茧越冬	产卵于芽附近		对黑光灯有较强的趋性	幼虫蛀食梨的果实和花芽，从芽基部蛀入，直达芽心。出蛰幼虫蛀食新芽
桃蛀螟	在穗中或叶腋、叶鞘、枯叶处及高粱、玉米、向日葵秸秆中越冬	越冬代成虫把卵产在桃树上，2代成虫集中在高粱上产卵，第3代成虫把卵产在晚夏高粱和晚熟向日葵上		对黑光灯、糖醋液有趋性	蛀入幼嫩籽粒中，堵住蛀孔在粒中蛀害，蛀空后再转一粒
苹果蠹蛾	老熟幼虫在树干粗皮裂缝、翘皮下、树洞中及主枝分杈处的缝隙中结茧越冬	产卵具有明显的选择性。从树冠的垂直分布上看，上层产卵最多，中层次之，下层最少；从树冠的平面分布上看，向阳面和背风面产卵较多，阴面和迎风面产卵较少	喜好紫外光波和紫光波，多在夜间活动	具有趋光性	幼虫在果实内取食为害，当蜕皮3次后，有的幼虫从果实内爬出，又钻入另一个果实内取食为害。一头幼虫可转果为害1～3个果实，尤其是相邻紧挨的果实之间易发生串果为害。有时一个果实内也有几头幼虫同时蛀入为害的情况

续附录 6

食心虫种类	越冬场所	产卵场所	成虫活动	成虫趋性	幼虫取食习性
白小食心虫	老熟幼虫在地面做茧越冬	卵多产在叶背，少数产在叶面			幼虫多从萼洼蛀入，早期入果者在果皮下蛀食，形成以果柄端部为中心的放射形孔道；后期入果者，因果肉已很厚，虫道短而简单
李小食心虫	老熟幼虫自落果内脱果而出，在地表经过短期爬行，寻得适当场所，入土吐丝缀合土粒做茧，转入休眠越冬	成虫多在叶背上产卵，后期果实长大，则转至果实上产卵	在 16～20 时最为活跃，树上树下皆是活动场所	具有趋化性和趋光性	第 1 代幼虫直接为害果肉、果核；第 2 代幼虫先在果皮下串食，然后转向果肉内取食